Marlene Marinescu

Gleichstromtechnik

Grundlagen und Beispiele

Marlene Marinescu

Gleichstromtechnik

Grundlagen und Beispiele

Herausgegeben von Otto Mildenberger

Die Deutsche Bibliothek – CIP-Einheitsaufnahme

Marinescu, Marlene:
Gleichstromtechnik : Grundlagen und Beispiele / Marlene Marinescu.
Hrsg. von Otto Mildenberger. - Braunschweig ; Wiesbaden : Vieweg,
1997

ISBN-13: 978-3-528-06927-8 e-ISBN-13: 978-3-322-89228-7
DOI: 10.1007/ 978-3-322-89228-7

Herausgeber: Prof. Dr.-Ing. Otto Mildenberger lehrt an der Fachhochschule Wiesbaden in den Fachbereichen Elektrotechnik und Informatik.

Der Verlag Vieweg ist ein Unternehmen der Bertelsmann Fachinformation GmbH.

http://www.vieweg.de

Vorwort

Das vorliegende Buch ist hervorgegangen aus dem Vorlesungsskript „Grundlagen der Elektrotechnik 1“, das die Studenten der Fachhochschule Wiesbaden im ersten Semester verwenden. Es ist also ein Lehrbuch, das für Studierende der Elektrotechnik an Fach- aber auch an Technischen Hochschulen in den ersten Semestern geeignet ist. Auch in der Praxis stehenden Ingenieuren kann das Buch zum Auffrischen ihrer Grundkenntnisse helfen.

Die Gleichstromtechnik muß von jedem Elektrotechniker, unabhängig von dem Gebiet auf dem er arbeitet, gut beherrscht werden. Sie steht am Anfang jeder elektrotechnischer Ausbildung; die Wechselstromtechnik, wie auch die verschiedenen Fachrichtungen, die aus ihr weiterentwickelt wurden, benutzen die Grundkenntnisse und die Methoden der Gleichstromtechnik.
Dabei ist der Zugang zu diesem Gebiet der Elektrotechnik gar nicht schwer, vor allem weil lediglich elementare mathematische Kenntnisse erforderlich sind: solide Kenntnisse der Algebra, vor allem der Bruchrechnung und einige Kenntnisse über Matrizen und lineare Gleichungssysteme. (Die numerische Auflösung von linearen Gleichungssystemen wird heute von den meisten Taschenrechnern problemlos bewältigt, so daß sogar diese Kenntnisse nicht mehr unbedingt notwendig sind).
Die Arbeit mit den Studenten zeigte mir jedoch, daß trotz der relativen Einfachheit der Begriffe und des mathematischen Werkzeugs das Lernen der Gleichstromtechnik einen nicht unerheblichen Arbeitsaufwand verlangt.
In der Tat bedarf es einer gewissen Übung, bis man ein Gefühl für elektrische Schaltungen bekommt. Sogar so einfache Begriffe wie Reihen- und Parallelschaltung von Widerständen können erst nach Behandlung vieler Schaltungen vollständig verstanden werden. Außerdem muß man sich bei der Aufstellung verschiedener Gleichungssysteme besonders konzentrieren, auch wenn es sich dabei eigentlich nur um die Anwendung von Vorschriften handelt.

Dieses Buch hat als Ziel, dem Leser am Ende die Sicherheit zu verschaffen, daß er die Gleichstromtechnik gut beherrscht. Vor allem in der heutigen Welt der Konkurrenz ist es besonders wichtig, bei seiner Arbeit sicher zu sein, daß man auf seinem Fachgebiet alle Problemstellungen zumindest korrekt, am besten jedoch optimal lösen kann.
Zu diesem Zweck wurden in dem Buch, neben der Theorie, viele einfache bis sehr komplizierte gelöste Beispiele gebracht, die der Leser vollständig nachvollziehen kann (und sollte). Er findet auch Anregungen zur selbständigen, kreativen Arbeit mit Schaltungen, die zu dem Gefühl der sicheren Beherrschung der Gleichstromtechnik führen soll.

Rüsselsheim, im Juni 1997 Marlene Marinescu

Inhaltsverzeichnis

Teil I
Grundlegende Begriffe

1 Der elektrische Strom

In Metallen sind die Elektronen nur lose gebunden und können sich als **freie** Elektronen bewegen. Ein **elektrischer Strom** entsteht dann, wenn der unregelmäßigen Bewegung der elektrischen Ladungen ein **gerichteter** Ladungstransport überlagert wird, wenn gleichnamige Ladungen in eine bestimmte Richtung bewegt werden (Driftbewegung).
Für die Richtung des elektrischen Stromes wurde vereinbart, daß diese **entgegengesetzt zu dem Elektronenstrom** ist[1].
Ein elektrischer (zeitlich konstanter) Strom kann nur in einem **geschlossenen** Kreis fließen.

1.1 Stromstärke

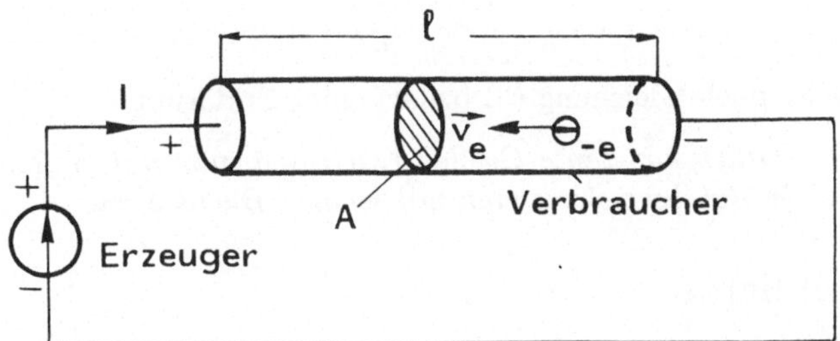

Abbildung 1: Stromkreis aus Erzeuger und Verbraucher

Die Abbildung 1 zeigt einen Erzeuger[2] und einen Verbraucher.

Satz 1 *Der Strom fließt im Verbraucher von + nach -, im Erzeuger von - nach +. Der Strom kommt aus der Plusklemme des Akkus heraus.*

Die Elektronen bewegen sich im Metall dagegen von - nach +. Es sind etwa $n \approx 10^{23}$ freie Elektronen pro cm^3 Metall[3].
Jedes Elektron besitzt die negative Ladung

$$-e = 1,602 \cdot 10^{-19}\ As\ .$$

[1] Diese Richtung nennt man auch „technische“ oder „konventionelle“ Stromrichtung
[2] Ein Erzeuger kann eine Batterie, ein Akku, ein Generator u.a. sein
[3] Bei Kupfer sind es z.B. $0,8 \cdot 10^{23}$

Somit ist die freie Elektrizitätsmenge in jedem cm^3:

$$n \cdot e = -n \cdot 1,602 \cdot 10^{-19}\ As\ .$$

Fließt ein Strom, so bewegt sich in einem Draht der Länge l mit dem Querschnitt A eine Gesamtladung von

$$Q = n \cdot e \cdot l \cdot A$$

Jedes Elektron braucht die Zeit t um die Länge l zu durchfahren.
Die Stromstärke wird als das Verhältnis

$$I = \frac{Q}{t} = \frac{n \cdot e \cdot l \cdot A}{t} \tag{1}$$

definiert.
Da die Einheiten für I und t in dem MKSA–System festgelegt sind, resultiert für die Einheit der Ladung Q:

$$[Q] = [I] \cdot [t] = 1\ A \cdot 1\ s = 1\ As = 1 \text{ Coulomb } = 1\ C \tag{2}$$

Die Gleichung (1) gilt nur, wenn I zeitlich konstant ist. Allgemein gilt jedoch

$$i(t) = \frac{dq}{dt} \tag{3}$$

Die Schreibweise nach Gleichung (3) bedarf einer Erklärung:

Definition 1 *Zeitlich konstante Größen bezeichnet man mit großen Buchstaben. Veränderliche Größen bezeichnet man mit kleinen Buchstaben.*

1.2 Stromdichte

Als Stromdichte S wird das Verhältnis

$$S = \frac{I}{A} \tag{4}$$

definiert. Diese Formel gilt nur bei gleichmäßiger Verteilung des Stromes I über den Querschnitt A.
Als Einheit für die Stromdichte ergibt sich:

$$[S] = \frac{[I]}{[A]} = 1\ \frac{A}{m^2} \tag{5}$$

Üblicherweise wird die Stromdichte in $\frac{A}{mm^2}$ angegeben.
Allgemein ist S nicht konstant[4] und die allgemeine Formel für den Strom I ist:

$$I = \iint \vec{S}(x)\, d\vec{A} \tag{6}$$

[4] z.B. bei hochfrequenten Strömen: Stromverdrängung

wobei $\vec{S}$ und das Flächenelement $d\vec{A}$ Vektoren sind.
Die Strömungsgeschwindigkeit der Elektronen in Metallen ist nach Gleichung (1):

$$v_e = \frac{l}{t} = \frac{I}{n \cdot e \cdot A} = \frac{S}{n \cdot e} \tag{7}$$

In der Energietechnik werden Stromdichten zwischen $S = 1\ \frac{A}{mm^2}$ und $S = 10\ \frac{A}{mm^2}$ verwendet. In Störungsfällen können Stromdichten bis $S = 100\ \frac{A}{mm^2}$ erscheinen.

Beispiel:

In welchen Grenzen ändert sich die Driftgeschwindigkeit der Elektronen normalerweise in der Energietechnik, wenn $n = 10^{23}\ cm^{-3}$ ist ?

Mit $v_e = \frac{S}{n \cdot e}$ ergibt sich für die minimale und maximale Driftgeschwindigkeit:

$$v_{e_{min}} = \frac{1\ \frac{A}{mm^2}}{10^{23}\ cm^{-3} \cdot 1,602 \cdot 10^{-19}\ As} = \frac{10^{-4} \cdot 10^{-6}\ m^3}{1,602 \cdot 10^{-6}\ m^2 \cdot s} = 0,602 \cdot 10^{-4}\ \frac{m}{s}$$

$$= 0,062\ \frac{mm}{s}$$

$$v_{e_{max}} = 10 \cdot v_{e_{min}} = 6,2 \cdot 10^{-4}\ \frac{m}{s} = 0,62 \cdot \frac{mm}{s}$$

Gegenüber der Lichtgeschwindigkeit von $c = 3 \cdot 10^8\ \frac{m}{s}$ bedeutet dies fast 12 Potenzen weniger. Die Elektronen bewegen sich nicht so schnell, trotzdem entsteht der Strom in einem Kreis mit der Lichtgeschwindigkeit, weil sich der Bewegungs**impuls** mit der Lichtgeschwindigkeit fortpflanzt !!

1.3 Stromarten

Man unterscheidet:

a) Gleichstrom

- unabhänig von der Zeit t
- gleiche Richtung und Größe

b) Wechselstrom

- Richtung und Größe wechseln periodisch
- der Mittelwert ist Null

c) Sinusstrom

   – Der Sinusstrom ist eine Sonderform des Wechselstroms

d) Mischstrom: $i = i_{-} + i_{\sim}$

e) Amplitudenmodulierter Strom

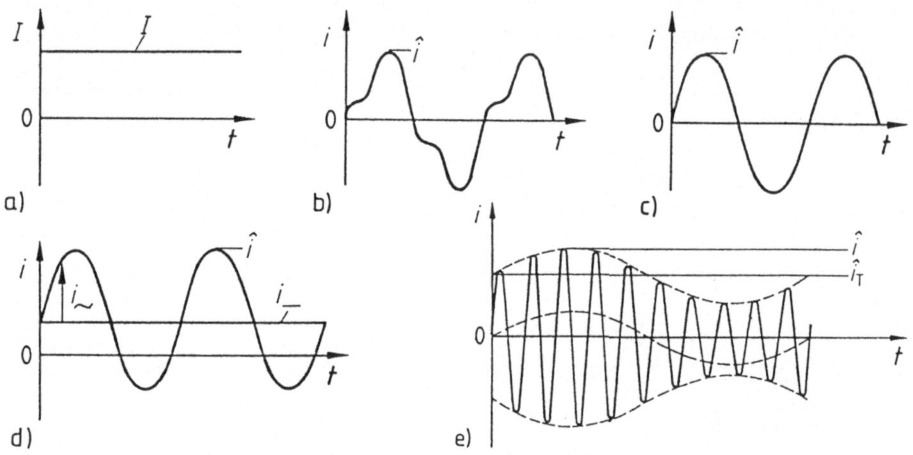

Abbildung 2: Stromarten nach DIN 5488

Der Gleichstrom und der Effektivwert des Wechselstroms werden mit I und die zeitabhängigen Ströme mit i bezeichnet.

2 Die elektrische Spannung und die Energie

2.1 Elektrische Feldstärke

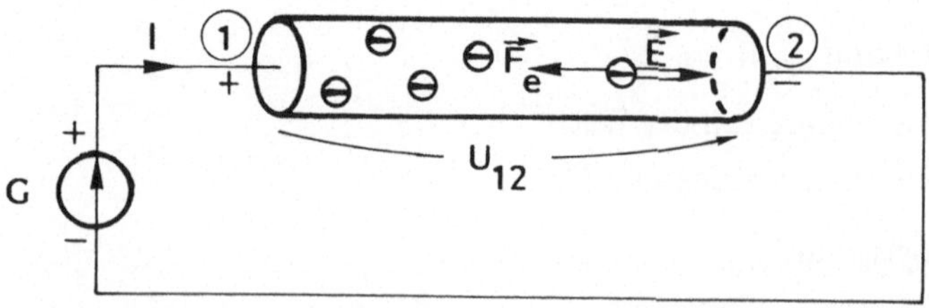

Abbildung 3: Coulombsche Kraft und elektrische Feldstärke

Um die Elektronen im Metall zur Plusklemme (in der Abbildung 3 nach links) zu bewegen, muß auf sie eine Kraft $\vec{F}_e$ ausgeübt werden.
Bezieht man diese Kraft auf eine Ladung Q, so erhält man eine vektorielle Feldgröße, die unabhängig von Q ist:

$$\vec{E} = \frac{\vec{F}}{Q} \tag{8}$$

Man nennt diese Feldgröße die **elektrische Feldstärke** und die Formel nach Gleichung (8) wird auch als **Formel von Coulomb** bezeichnet.
$\vec{E}$ ist eine der wichtigsten Größen in der Elektrotechnik. Sie gibt die Kraft auf Ladungen an und hat die Richtung der Kraft $\vec{F}$ wenn die Ladung Q positiv ist. Ist Q negativ, so sind $\vec{F}$ und $\vec{E}$ entgegengerichtet. In der Abbildung 3 ist die Richtung bei den Elektronen nach rechts gerichtet, wegen ihrer negativen Ladung $-e$. $\vec{E}$ kann vom Ort x abhängig sein. Man bezeichnet dies dann als Feld. Die Einheit von $\vec{E}$ gibt die folgende Gleichung wieder:

$$[E] = \frac{[F]}{[Q]} = \frac{N}{As} \tag{9}$$

2.2 Leitfähigkeit

Die elektrische Feldstärke $\vec{E}$ in einem beliebigen Punkt x ist die Ursache für die an dieser Stelle auftretende Wirkung, die Stromdichte $\vec{S}$. In der Makrophysik gibt es immer eine **eindeutige** Abhängigkeit der Wirkung von der Ursache[5]. (In der Mikrophysik folgen die Zusammenhänge meist statistischen Gesetzen). Die Abhängigkeit muß jedoch nicht linear sein, sie ist nur eindeutig.
Zwischen der Wirkung $\vec{S}$ und der Ursache $\vec{E}$ gilt die Beziehung:

$$\vec{S} = \kappa \cdot \vec{E} \tag{10}$$

In dieser Gleichung ist κ ein Proportionalitätsfaktor, der unter Umständen ortsabhängig sein kann. Im homogenen Strömungsfeld (Gleichstrom) gilt:

$$S = \kappa \cdot E \tag{11}$$

Satz 2 *κ heißt spezifische elektrische Leitfähigkeit und ist ein Maß für die Beweglichkeit der Elektronen im Metall.*

In der Tat ist nach Gleichung (7), Seite 3:

$$v = \frac{S}{n \cdot e} = \frac{\kappa \cdot E}{n \cdot e} = b \cdot E \tag{12}$$

mit

$$b = \frac{\kappa}{n \cdot e} = \text{Driftbeweglichkeit}$$

[5]Diese Abhängigkeit ist das **Kausalitätsprinzip**

$$\kappa = b \cdot n \cdot e \tag{13}$$

Betrachtet man die Gleichung (12) genauer, scheint hier etwas paradox zu sein. v ist proportional E, aber eigentlich ist die Beschleunigung a proportional E ($F = m \cdot a = q \cdot E$). Die Lösung: v ist die **Driftgeschwindigkeit** der Elektronen, also eine **mittlere** Geschwindigkeit und nicht diejenige, die aus der Beschleunigung a zwichen zwei Stößen resultieren würde.

2.3 Elektrische Spannung

Wichtig für technische Anwendungen ist das

Linienintegral der Feldstärke $\vec{E}$ zwischen zwei Punkten

des Stromkreises (z.B. zwischen 1 und 2 des Verbrauchers in Abbildung 3). Dieses Integral wird elektrische Spannung genannt.

$$U_{12} = \int_1^2 \vec{E}\, d\vec{l} = \varphi_1 - \varphi_2 \tag{14}$$

Die Spannung kann auch als Differenz der elektrischen Potentiale in den Punkten 1 und 2 betrachtet werden. Diese **Potentialdifferenz** ist die **Ursache** des Stromes zwischen 1 und 2. Dabei ist φ_1 die Spannung zwischen dem Punkt 1 und einem beliebigen Bezugspunkt. Analog ist φ_2 die Spannung zwischen dem Punkt 2 und demselben Bezugspunkt.
Ist der Verbraucher ein Draht der Länge l mit dem Querschnitt A, so vereinfacht sich die Gleichung (14) zu:

$$U_{12} = E \cdot l \tag{15}$$

Führt man für E die Beziehung nach Gleichung (8) ein, so ist:

$$U_{12} = \frac{F \cdot l}{Q} = \frac{W_{12}}{Q} \tag{16}$$

Hier bedeutet W_{12} die **Arbeit**, die nötig ist, um die Ladung Q zwischen den Punkten 1 und 2 zu bewegen.

Definition 2 *Im Verbraucher V hat die Spannung U dieselbe Richtung wie der Strom I. Mann nennt diese Vereinbarung* **Verbraucherzählpfeilsystem**.

Definition 3 *Im Generator fließt der Strom aus der Plusklemme heraus, also innerhalb des Generators von Minus nach Plus. Die positive Spannung wird als von Plus nach Minus gerichtet angesehen, also sind im Generator Strom und Spannung entgegengesetzt.*

Die Spannung der Quelle bezeichnet man oft mit U_q. Sie muß aber nicht zwingend die Klemmenspannung sein; dies ist nur beim **idealen** Generator der Fall.
Die Einheit der Spannung berechnet sich nach folgender Gleichung:

$$[U] = [E] \cdot [l] = \frac{N \cdot m}{A \cdot S} = V \text{ (Volt)} . \tag{17}$$

Somit ergibt sich für die elektrische Feldstärke die Einheit:

$$[E] = \frac{V}{m}$$

Beispiel:

Welche elektrische Feldstärke herrscht in einem Draht der Länge $l = 1\ km$, der an der Spannung $U = 220\ V$ liegt? Wie groß ist in diesem Draht die Kraft F_e auf ein Elektron?

$$E = \frac{U}{l} = \frac{220\ V}{1000\ m} = 0,22\ \frac{V}{m}$$

$$F_e = e \cdot E = 0,22\ \frac{V}{m} \cdot 1,602 \cdot 10^{-19}\ As = 0,35 \cdot 10^{-19} \frac{V \cdot As}{m} = 0,35 \cdot 10^{-19}\ N$$

2.4 Elektrische Energie

Nach Gleichung (16) und Gleichung (1) gilt:

$$W = U \cdot Q = U \cdot I \cdot t \tag{18}$$

W ist die **elektrische Energie**, die umgesetzt wird, wenn während der Zeit t infolge der Spannung U der Strom I fließt.
Sind Spannung und Strom zeitlich nicht konstant, so gilt für die umgesetzte Energie (oder elektrische Arbeit) allgemein:

$$W_{12} = \int_{t_1}^{t_2} u(t) \cdot i(t)\, dt \tag{19}$$

Als Einheit der Energie kann man folgendes angeben:

$$[W] = \underbrace{V \cdot A}_{Watt} \cdot s = Ws = \underbrace{J}_{Joule} = Nm$$

2.5 Elektrische Leistung

Meistens interessiert nicht die Arbeit, die eine Maschine innerhalb einer Zeit t vollbringen kann, sondern was sie augenblicklich leisten kann. Diese auf die Zeit t bezogene Arbeit nennt man **elektrische Leistung**:

$$P = \frac{W}{t} = U \cdot I \tag{20}$$

oder allgemein, d.h. bei zeitabhängigen Größen für Strom und Spannung:

$$p_t = u \cdot i \tag{21}$$

Als Einheit der elektrischen Leistung ergibt sich

$$[P] = [U] \cdot [I] = V \cdot A = W \ .$$

Bei jeder Energieumwandlung geht **keine** Energie verloren, doch ist die zugeführte Leistung P_1 immer größer als die abgeführte Leistung P_2, weil **Verluste** $P_v = P_1 - P_2$ auftreten. Man definiert als Wirkungsgrad:

$$\eta = \frac{P_2}{P_1} = \frac{P_1 - P_v}{P_1} = 1 - \frac{P_v}{P_1} \leq 1 \tag{22}$$

In der Energietechnik strebt man eine möglichst verlustfreie Energieübertragung an. In großen Maschinen erreicht man η bis 0,99.
Wird eine Kraft F bei der Geschwindigkeit v überwunden, oder ein Drehmoment M bei der Winkelgeschwindigkeit $\omega = 2\pi \cdot n$ [6] erzeugt, so ist die **mechanische Leistung**

$$P = F \cdot v = M \cdot 2\pi \cdot n \tag{23}$$

wirksam. Die Einheit der mechanischen Leistung ist

$$[P] = N \cdot \frac{m}{s} = W$$

Also gilt auch

$$1\,Joule = 1\,Nm$$

Satz 3 *Die Einheit der Energie ist dieselbe wie die Einheit für das Drehmoment.*

[6] n ist hier die Drehzahl

Teil II
Berechnung von Strömen und Spannungen in elektrischen Netzen

1 Die Grundgesetze

1.1 Der Stromkreis

Jede elektrische Anlage besteht aus:

- **Quellen**, die den elektrischen Strom verursachen, d.h. elektrische Energie aus anderen Energiearten erzeugen (Generatoren, Akkumulatoren, usw.)
- **Verbraucher**, die elektrische Energie in eine andere erwünschte Energieform umwandeln (Motoren, Glühlampen, Heizöfen, Tragmagnete, usw.)
- **Verbindungsleitungen**, die Quellen mit den Verbrauchern verbinden
- **Schalter**, mit denen man den Stromkreis (oder Teile davon) ein- oder ausschalten kann.

Dazu können noch kommen:

- **Steuergeräte** (z.B. Vorwiderstände, Verstärker, Gleichrichter, u.a.)
- **Meßgeräte**
- **Schutzeinrichtungen**.

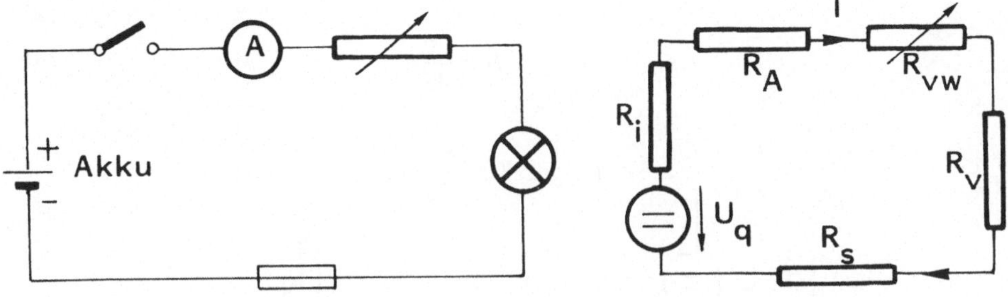

Abbildung 4: Übersichtsschaltplan und Ersatzschaltbild eines Stromkreises

Die Abbildung 4 zeigt links den Übersichts–Schaltplan einer Schaltung, die aus einer Quelle (Akku), einem Energieverbraucher (Glühlampe), einem Strommesser (A), einem einstellbaren Vorwiderstand R_{vw} und einer Sicherung besteht. Rechts ist das Ersatzschaltbild dieser Schaltung dargestellt. Man erkennt, daß die Darstellung des Übersichts–Schaltplans zu speziell ist.

Man benutzt deswegen Darstellungen, die aus „idealisierten" Bauelementen bestehen, ähnlich wie in Abbildung 4 rechts dargestellt. Die Quellen werden durch eine Quellenspannung U_q und (eventuell) ihrem Widerstand R_i ersetzt; alle anderen Elemente durch ihre Widerstände.
Die Pfeile für Strom und Spannung bezeichnen im Allgemeinen nicht ihre Richtung, sondern sind **Zählpfeile**, die die positive Zählrichtung angeben.

Satz 4 *Die Pfeile für Ströme und Spannungen in einer Ersatzschaltung sind nur Zählpfeile, die die vereinbarte positive Zählrichtung angeben.*

1.2 Das Ohmsche Gesetz

Man hat bereits einen kausalen Zusammenhang zwischen der Stromdichte S und der verursachenden elektrischen Feldstärke E kennengelernt:

$$S = \kappa \cdot E \, .$$

Dies ist die differentielle Form des Ohmschen Gesetzes. Man kann es auch so schreiben, daß die Spannung u die Ursache des Stromes i ist:

$$i = G \cdot u \tag{24}$$

mit dem Proportionalitätsfaktor G= **elektrischer Leitwert**.
Dies ist die integrale („natürliche") Form des Ohmschen Gesetzes. Verbreiteter ist die folgende Form des Gesetzes, in der als Proportionalitätsfaktor der **elektrische Widerstand** R auftritt:

$$u = R \cdot i \tag{25}$$

$$\text{mit} \qquad R = \frac{1}{G} \tag{26}$$

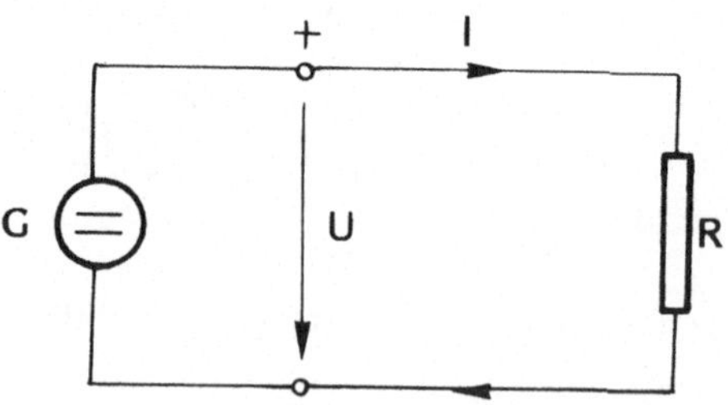

Abbildung 5: Grundstromkreis

Das Ohmsche Gesetz wird bei fast jeder Berechnung einer elektrischen Schaltung angewandt.

1.3 Der elektrische Widerstand

1.3.1 Berechnung von Widerständen

Aus der Gleichung (24) und aus den Definitionsformeln für Strom und Spannung (vgl. Gleichung (4), Seite 2 und Gleichung (15), Seite 6) ergibt sich für einen Verbraucher mit homogener Strömung:

$$S \cdot A = G \cdot E \cdot l \tag{27}$$

und somit
$$G = \frac{S \cdot A}{E \cdot l} = \frac{\kappa \cdot A}{l} \tag{28}$$

Der Widerstand R ist in diesem Fall:

$$R = \frac{l}{\kappa \cdot A} \tag{29}$$

R hängt nur von den Abmessungen l und A und von den Werkstoffeingenschaften ab. Wenn l, A oder κ nur für Teile des Stromkreises konstant sind, kann man mit Gleichung (29) nur Teilwiderstände berechnen!
Als Einheiten ergeben sich:

$$[G] = \frac{[I]}{[U]} = \frac{A}{V} = S \text{ (Siemens)}$$

$$[R] = \frac{[U]}{[I]} = \Omega \text{ (Ohm)} \;= S^{-1}$$

$$[\kappa]^7 = \frac{[G] \cdot [l]}{[A]} = \frac{S \cdot m}{m^2} = \frac{S}{m}$$

Außer der spezifischen Leitfähigkeit κ benutzt man oft ihren Kehrwert, den **spezifischen Widerstand** ϱ:

$$\varrho = \frac{1}{\kappa} \tag{30}$$

Damit ändert sich die Gleichung (29) zu:

$$R = \frac{\varrho \cdot l}{A} \tag{31}$$

Die übliche Einheit für ϱ ist:

$$[\varrho] = \frac{\Omega \cdot mm^2}{m}$$

[7] Üblicherweise wird κ in $\frac{Sm}{mm^2}$ angegeben

Beispiel:
Eine Kupferleitung ($\kappa_{Cu} = 56 \frac{Sm}{mm^2}$) mit dem Querschnitt $A = 10\ mm^2$ soll durch eine widerstandsgleiche Aluminiumleitung ($\kappa_{Al} = 35 \frac{Sm}{mm^2}$) ersetzt werden.
Welchen Querschnitt muß die Aluminiumleitung erhalten?

Die beiden Widerstände sind:

$$R_{Cu} = \frac{l}{\kappa_{Cu} \cdot A_{Cu}}$$

$$R_{Al} = \frac{l}{\kappa_{Al} \cdot A_{Al}}$$

Da sie gleich sein müssen, gilt:

$$\kappa_{Cu} \cdot A_{Cu} = \kappa_{Al} \cdot A_{Al}$$

Somit folgt für den Querschnitt des Aluminiumleiters:

$$A_{Al} = \frac{\kappa_{Cu}}{\kappa_{Al}} \cdot A_{Cu} = \frac{56\ \frac{Sm}{mm^2}}{35\ \frac{Sm}{mm^2}} \cdot 10\ mm^2 = 16\ mm^2$$

1.3.2 Lineare und nichtlineare Widerstände, differentieller Widerstand

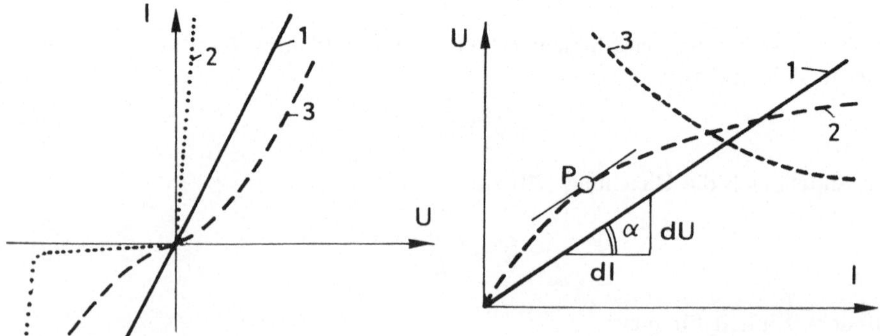

Abbildung 6: links: lineare (1) und nichtlineare (2,3) Widerstandskennlinien; rechts: differentieller Widerstand

Sind in Gleichung (31) alle Größen unabhängig von der Spannung U, so ist der Zusammenhang

$$U = R \cdot I$$

linear. Der Widerstand R ist dann konstant (vgl. Kennlinie 1 in Abbildung 6). Wir werden meist mit linearen Widerständen arbeiten. Die Kennlinien 2 und 3 in Abbildung 6 sind **nichtlinear**, wobei die Kennlinie 3[8] darüber hinaus ein von der Stromrichtung abhängiges Verhalten aufweist. Diese Kennlinie ist typisch für Ventile, die eine Sperr- und eine Durchlaßrichtung haben.
Bei linearen Widerständen ist R konstant, während bei nichtlinearen Widerständen das Verhältnis $\frac{U}{I}$ von I bzw. von U abhängig ist. Ein solches Verhalten wird durch den **differentiellen Widerstand**

$$r_d = \frac{dU}{dI} = \tan\alpha \tag{32}$$

beschrieben. Die Kennlinie 2 in Abbildung 6, rechts, weist nur im Punkt P denselben differentiellen Widerstand auf wie die Kennlinie 1. In allen anderen Punkten ist der Wert größer bzw. kleiner.

Beispiel:

Bei Elektronenröhren kann man den Anodenstrom I_a folgendermaßen als Funktion von der Anodenspannung U_{AK} ausdrücken:

$$I_a = K \cdot U_{AK}^{\frac{3}{2}}$$

Es soll die Gleichung für den differentiellen Widerstand $R_d = f(U_{AK})$ aufgestellt werden.

Zur Lösung stellt man die obige Gleichung zuerst einmal um:

$$U_{AK} = K^{-\frac{2}{3}} \cdot I_a^{\frac{2}{3}} = C \cdot I_a^{\frac{2}{3}} \qquad \text{mit } C = K^{-\frac{2}{3}}$$

Für den differentiellen Widerstand gilt dann:

$$R_d = \frac{dU_{AK}}{dI_a} = C \cdot \frac{2}{3} \cdot I_a^{-\frac{1}{3}} = K^{-\frac{2}{3}} \cdot \frac{2}{3} \cdot \left(K \cdot U_{AK}^{\frac{3}{2}}\right)^{-\frac{1}{3}} = \frac{2}{3} \cdot K^{-1} \cdot U_{AK}^{-\frac{1}{2}}$$

$$R_d = \frac{2}{3 \cdot K} \cdot \frac{1}{\sqrt{U_{AK}}}$$

[8] Diese Kennlinie ist eine Diodenkennlinie

1.3.3 Temperaturabhängigkeit von Widerständen

Bei wachsender Temperatur steigt in Metallen, wegen der stärkeren Atombewegung, die statistische Wahrscheinlichkeit, daß Elektronen zusammenstoßen. Der elektrische Widerstand R nimmt zu.

Bei reinen Metallen ist der spezifische Widerstand ϱ oberhalb einer bestimmten Temperatur eine nahezu lineare Funktion der Temperatur ϑ.

Der Temperatureinfluß läßt sich mit dem **Temperaturbeiwert** α[9] folgendermaßen erfassen:
Wird die Temperatur von ϑ_1 auf ϑ_2 gebracht, so geht der Widerstand R_1 auf den Wert:

$$R_2 = R_1 \cdot \left[1 + \alpha \left(\vartheta_2 - \vartheta_1\right)\right] \tag{33}$$

Eigentlich ist dieser Zusammenhang nicht völlig linear und es gilt allgemein:

$$R_2 = R_1 \left[1 + \alpha \left(\vartheta_2 - \vartheta_1\right) + \beta \left(\vartheta_2 - \vartheta_1\right)^2 + \ldots\right] \tag{34}$$

Die Temperaturbeiwerte werden meist auf die Temperatur $\vartheta_1 = 20°C$ bezogen und heißen dann α_{20} und β_{20}.

Für Metalle gilt dann in guter Näherung:

$$R = R_{20} \cdot \left(1 + \alpha_{20} \left(\vartheta - 20°C\right)\right) \tag{35}$$

Dabei werden ϑ in $°C$ und α_{20} in $\frac{1}{°K}$ angegeben.

Material	ϱ_{20} in $\frac{\Omega\, mm^2}{m}$	κ_{20} in $\frac{Sm}{mm^2}$	α_{20} in $\frac{1}{°K}$
Aluminium	$0,027$	37	$4,3 \cdot 10^{-3}$
Kupfer	$0,017$	58	$3,9 \cdot 10^{-3}$
Eisen	$0,1$	10	$6,5 \cdot 10^{-3}$
Wasser	$2,5 \cdot 10^{11}$	$4 \cdot 10^{-10}$	
Trafo-Oel	$10^{16} \ldots 10^{19}$		

Tabelle 1: Materialeigenschaften verschiedener Werkstoffe

Einige Werte für den **spezifischen Widerstand** ϱ, die **spezifische Leitfähigkeit** κ und den **Temperaturbeiwert** α_{20} gibt die Tabelle 1 an. Halbleiterwerkstoffe zeichnen sich neben Kohle durch einen negativen Temperaturkoeffizienten aus.
Bei einigen Metallen (z.B. Quecksilber) wird der Widerstand in Nähe des absoluten Nullpunktes ($-273°C \mathrel{\hat{=}} 0°K$) zu Null.[10] Neuere Forschungen führten zu

[9] Der Temperaturbeiwert wird auch als **Temperaturkoeffizient** bezeichnet
[10] Diesen Zustand nennt man dann **Supraleitung**

Legierungen, die weit oberhalb des Nullpunktes noch supraleitend sind (warme Supraleiter). Diese Legierungen haben eine große Zukunft in der Technik.

Nachfolgend wird ein Beispiel zum Arbeiten mit den Gleichungen (33), (34) und (35) gerechnet.

Beispiel:
Eine Spule aus Kupferdraht hat bei $15°C$ hat den Widerstand $R_k = 20\ \Omega$ und betriebswarm den Widerstand $R_w = 28\ \Omega$. Welche Temperatur hat die betriebswarme Spule ?

Da man aus Tabellen nur den Wert für α_{20} kennt, muß man erst den kalten Widerstand R_k durch R_{20} ausdrücken:

$$R_k = R_{20} \cdot \big(1 + \alpha_{20}\,(15 - 20)\,\big) = R_{20} \cdot (1 - 5 \cdot \alpha_{20})$$

Für der warmen Widerstand R_w gilt andererseits:

$$R_w = R_{20} \cdot \big(1 + \alpha_{20}\,(\vartheta_w - 20)\,\big)$$

Dividert man die beiden Gleichungen, so eliminiert man die Unbekannte R_{20}:

$$\frac{R_k}{R_w} = \frac{1 - 5 \cdot \alpha_{20}}{1 + \alpha_{20}\,(\vartheta_w - 20)}$$

Daraus ergibt sich für ϑ_w:

$$\begin{aligned} R_k \cdot \big(1 + \alpha_{20}\,(\vartheta_w - 20)\,\big) &= R_w\,(1 - 5 \cdot \alpha_{20}) \\ 1 + \alpha_{20} \cdot \vartheta_w - \alpha_{20} \cdot 20 &= \frac{R_w}{R_k} \cdot (1 - 5 \cdot \alpha_{20}) \\ \vartheta_w &= \frac{1}{\alpha_{20}} \left(\frac{R_w}{R_k}\,(1 - 5 \cdot \alpha_{20}) - 1 + 20 \cdot \alpha_{20} \right) \\ \vartheta_w &= 115°C \end{aligned}$$

mit $\alpha_{20} = 3,9 \cdot 10^{-3} \frac{1}{°K}$.
Das berechnete Beispiel bildet die theoretische Basis eines oft verwendeten Verfahrens zur Temperaturmessung. So kann man z.B. bei einer elektrischen Maschine die mittlere Erwärmung der Wicklungen (die für andere Meßverfahren nicht zugänglich sind) durch zwei Widerstandsmessungen, im kalten und im betriebswarmen Zustand, ermitteln.

1.4 Erste Kirchhoffsche Gleichung (Knotengleichung)

Neben dem Ohmschen Gesetz bilden die beiden Kirchhoffschen Gleichungen die **Grundlage** zur Berechnung elektrischer Stromkreise.[11]

Die 1. Kirchhoffsche Gleichung, auch Knotengleichung oder Knotensatz genannt, befaßt sich mit der **Stromsumme in einem Knotenpunkt**. Ihre physikalische Grundlage ist das **Gesetz von der Erhaltung elektrischer Ladungen**.

Satz 5 *In einem geschlossenen System ist die resultierende Elektrizitätsmenge konstant (Ladungen können nicht verschwinden oder entstehen).*

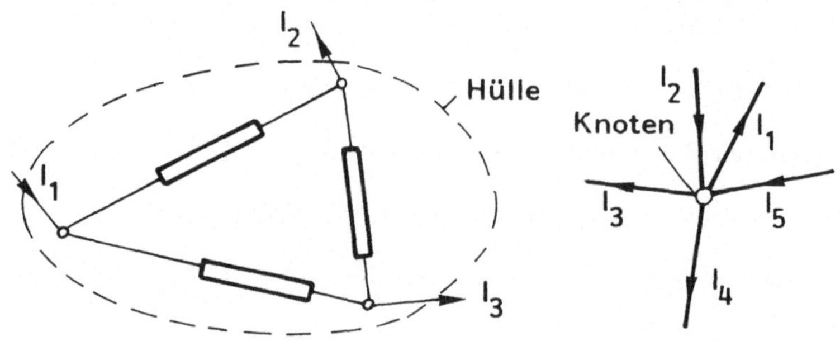

Abbildung 7: Zur Erläuterung der 1. Kirchhoffschen Gleichung

Für ein Strömungsfeld kann man sagen, daß **die Summe aller in eine Hülle hinein- oder herausfließenden Ströme gleich Null ist** (vgl. Abbildung 7). Die Integralform dieses Gesetzes ist:

$$\oint\!\!\!\oint_A \vec{S}\, d\vec{A} = 0 \tag{36}$$

Achtung:

$$\iint \vec{S}\, d\vec{A} \text{ ist nicht Null, sondern ein Strom,}$$

$$\text{nur } \oint\!\!\!\oint_A \vec{S}\, d\vec{A} \text{ ist Null.}$$

[11] Die Kirchhoffschen Gleichungen werden oft auch „Gesetze“ genannt, doch sind sie nur Konsequenzen von zwei allgemeineren physikalischen Gesetzen (der „Ladungserhaltungssatz“ und das „Induktionsgesetz“).

Sind mehrere Leitungen (Zweige) in einem Punkt (Knoten) miteinander verbunden, so gilt:

$$\sum I_{zu} = \sum I_{ab}$$

Satz 6 *Die Summe der zufließenden Ströme in einem Knoten ist gleich der Summe der abfließenden Ströme.*

Zur Verdeutlichung des Satzes (6) siehe auch Abbildung 7, rechts. Aus diesem Bild geht folgendes hervor:

$$I_2 + I_5 = I_1 + I_3 + I_4 \quad \text{oder:} \quad I_2 + I_5 - I_1 - I_3 - I_4 = 0$$

1. Kirchhoffsche Gleichung: Die Summe aller zu- und abfließenden Ströme an jedem Knotenpunkt ist, unter Beachtung ihrer Vorzeichen, zu jedem Zeitpunkt Null.

$$\sum_{\mu=1}^{n} I_\mu = 0 \qquad (37)$$

Es ist egal, welche Ströme als positiv gezählt werden. Daher können wir vereinbaren:

Definition 4 *Die abfließenden Ströme sind positiv, die zufließenden Ströme negativ.*

Damit ergibt sich mit der Gleichung (37) und der Definition (4) die Knotengleichung gemäß Abbildung 7, rechts:

$$I_1 + I_3 + I_4 - I_2 - I_5 = 0$$

Satz 7 *Hat ein Netzwerk k Knoten, so kann man den 1. Kirchhoffschen Satz* $(k-1)$*mal anwenden. Die k. Gleichung ließe sich aus den übrigen Gleichungen ableiten und ist damit nicht mehr unabhängig.*

1.5 Zweite Kirchhoffsche Gleichung (Maschen- oder Umlaufgleichung)

Dieser wichtige Satz befaßt sich mit der **Spannungssumme in einer Masche**, in der sich beliebig viele Quellen und Verbraucher befinden können.

Definition 5 *Eine „Masche“ ist ein in sich* **geschlossener Kettenzug** *von Zweigen und Knotenpunkten.*

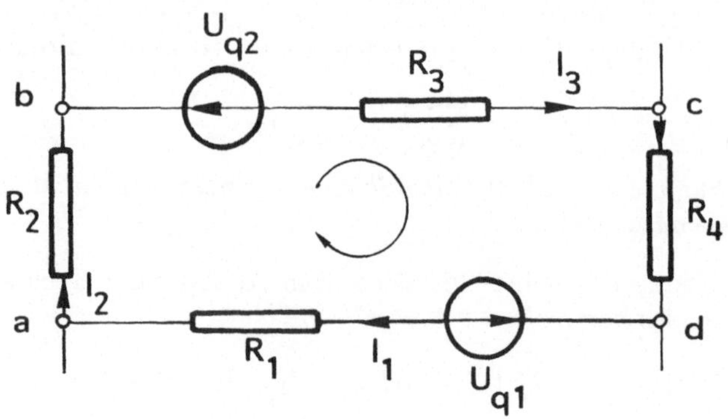

Abbildung 8: Darstellung einer geschlossenen Masche aus 4 Zweigen

Für die Masche nach Abbildung 8 schreiben wir die vier Teilspannungen als Funktion von den Knotenpotentialen φ_a, φ_b, φ_c, φ_d:

$$\begin{aligned} U_{ab} &= \varphi_a - \varphi_b \\ U_{bc} &= \varphi_b - \varphi_c \\ U_{cd} &= \varphi_c - \varphi_d \\ U_{da} &= \varphi_d - \varphi_a \\ U_{ab} + U_{bc} + U_{cd} + U_{da} &= 0 \end{aligned}$$

Die Summe aller Teilspannungen in der Masche, die **Umlaufspannung**, ist gleich Null. Die Spannungen, einschließlich der Quellenspannungen, befinden sich in einer Masche im Gleichgewicht. Ordnet man allen Strömen und Spannungen Zählpfeile zu, so lautet

Die 2. Kirchhoffsche Gleichung: Die Summe der Teilspannungen in einer Masche ist stets Null.

$$\sum_{\mu=1}^{n} U_\mu = 0 \tag{38}$$

Die Anzahl der unabhängigen Gleichungen, die man mit dem Umlaufsatz aufstellen kann, wird von dem „Euler-Theorem" (ohne Ableitung) festgelegt:

Satz 8 *In einem Netz mit z Zweigen und k Knoten sind*

$$m = z - k + 1$$

unabhängige Maschen.

Somit erreicht man $k - 1 + z - k + 1 = z$ Gleichungen für die z unbekannten Ströme.

Beim Aufstellen der Spannungsgleichung (38) muß man **streng** auf die Vorzeichen achten! Man wählt dazu erst einen **Umlaufsinn** (Pfeil) für die Masche. Danach gelten alle Größen, deren Zählpfeile diesem Sinn folgen als **positiv**, die anderen als **negativ**. Für die Masche nach Abbildung 8 gilt also:

$$R_1 \cdot I_1 + R_2 \cdot I_2 - U_{q2} + R_3 \cdot I_3 + R_4 \cdot I_4 - U_{q1} = 0$$

Satz 9 *Die 1. und 2. Kirchhoffsche Gleichung gehen ineinander über, wenn man Spannungen U_μ und Ströme I_μ gegeneinander vertauscht. Knotenpunkt und Masche verhalten sich* **dual** *zueinander.*

Beispiel:

Für die Schaltung nach Abbildung 8 soll der Strom I_4 bestimmt werden, wenn die anderen Ströme $I_1 = 5\ A$, $I_2 = 0,2\ A$ und $I_3 = 4\ A$ und die Spannungen $U_{q1} = 24\ V$ und $U_{q2} = 12\ V$ sind. Die Widerstände sind: $R_1 = 2\Omega$, $R_2 = 30\Omega$, $R_3 = 5\Omega$, $R_4 = 20\Omega$

Aus der Spannungsgleichung (38) ergibt sich:

$$I_4 = \frac{U_{q1} + U_{q2} - R_1 \cdot I_1 - R_2 \cdot I_2 - R_3 \cdot I_3}{R_4}$$

$$I_4 = \frac{24\ V + 12\ V - 2\ \Omega \cdot 5\ A - 30\ \Omega \cdot 0,2\ A - 5\ \Omega \cdot 4\ A}{20\ \Omega}$$

$$I_4 = \frac{(24 + 12 - 10 - 6 - 20)\ V}{20\ \Omega} = 0\ A$$

Regeln für die Anwendung der Kirchhoffschen Gleichungen

Folgende Regeln sollten bei der Anwendung der Kirchhoffschen Gleichungen beachtet werden:

- Alle Spannungsquellen werden mit Spannungs-Zählpfeilen (vom Plus- zum Minuspol) versehen und gegebenenfalls durchnumeriert.
- In allen Zweigen werden – willkürliche – Strom-Zählpfeile eingetragen und durchnumeriert.
- Schreibt man die Knotengleichung in einem Knoten, so werden alle abfließenden Ströme als positiv, alle zufließenden als negativ betrachtet. Es sind

  $$(k - 1)$$

  Gleichungen unabhängig.
  Ein beliebiger Knoten bleibt unberücksichtigt.

- Für die Umlaufgleichung wählt man - willkürlich - einen Umlaufsinn, der für die gesamte Masche beibehalten wird. Alle Quellenspannungen $U_{q\mu}$ und Widerstandsspannungen $U_\mu = R_\mu \cdot I_\mu$, deren Spannungs- und Strom-Zählpfeile dem gewählten Umlaufsinn folgen, werden mit positivem Vorzeichen eingeführt, die übrigen mit negativem Vorzeichen. Es sind

$$m = z - k + 1$$

Gleichungen unabhängig.

- Ergeben sich die Ströme als positiv, so fließen sie in Richtung der gewählten Strom-Zählpfeile. Kommen die Ströme negativ heraus, so fließen sie in die entgegengesetzte Richtung. Man ersieht, daß die Wahl der Strom–Zählpfeile willkürlich ist; der physikalische richtige Sinn ergibt sich eindeutig aus den Lösungen des Gleichungssystems.

Möglichkeiten zur Überprüfung der korrekten Anwendung der Gleichungen

Um die korrekte Anwendung der Gleichungen zu überprüfen hat man folgende Möglichkeiten:

- Man schreibt die Umlaufgleichung für eine Masche, die noch nicht benutzt wurde. Es muß wieder gelten, daß die Summe der Teilspannungen gleich Null ist.

- Man schreibt die Spannung zwischen zwei beliebigen Punkten auf mehreren Wegen. Die Ergebnisse müssen gleich sein.

- Man überprüft die Leistungsbilanz. Die Summe der von den Quellen abgegebenen Leistungen (negativ) und der verbrauchten Leistungen (positiv) ist immer gleich Null.

$$\sum P_g + \sum P_R = 0 \Longrightarrow -\sum_{\mu=1}^{n} U_{q\mu} \cdot I_\mu + \sum_{\nu=1}^{m} R_\nu \cdot I_\nu^2 = 0$$

Diese Überprüfungsmethode ist die sicherste, da hier alle auftretenden Zweigströme erscheinen. Ist ein einziger Strom nicht korrekt, so wird die Summe dieser Leistungen nicht Null sein.

Beispiel:

Berechnen Sie alle Ströme in der folgenden Schaltung. Die Spannungen sind: $U_{q1} = 100\ V$ und $U_{q2} = 80\ V$, die Widerstände sind: $R_1 = 10\Omega$, $R_2 = 2\Omega$, $R_3 = 15\Omega$.

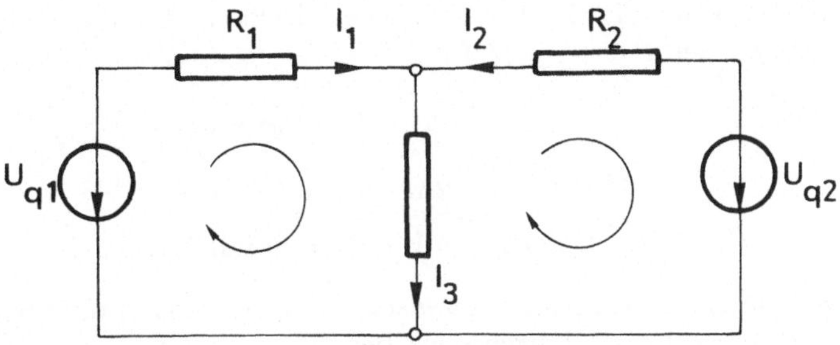

Die Schaltung hat $k = 2$ Knoten und $z = 3$ Zweige. Man kann die 1. Kirchhoffsche Gleichung in einem Knoten (z.B. Knoten A) und die 2. Kirchhoffsche Gleichung für $m = z - k + 1 = 3 - 2 + 1 = 2$ Maschen schreiben. Der Umlaufsinn für die Maschen sowie die Strom-Zählpfeile sind bereits vorgegeben.
Dann ist im Knoten A: $I_3 = I_1 + I_2$
Für die linke Masche: $R_1 \cdot I_1 + R_3 \cdot I_3 - U_{q1} = 0 \Longrightarrow 10\ \Omega \cdot I_1 + 15\ \Omega \cdot I_3 = 100\ V$
Für die rechte Masche:
$-R_2 \cdot I_2 - R_3 \cdot I_3 + U_{q2} = 0 \Longrightarrow -2\ \Omega \cdot I_2 - 15\ \Omega \cdot I_3 = -80\ V$

Setzt man I_3 in die 2 Umlaufgleichungen ein, so ist:

$$10\ \Omega \cdot I_1 + 15\ \Omega \cdot I_1 + 15\ \Omega \cdot I_2 = 100\ V$$

$$2\ \Omega \cdot I_2 + 15\ \Omega \cdot I_1 + 15\ \Omega \cdot I_2 = 80\ V$$

Man faßt nun zusammen:

$$\begin{cases} 25\ \Omega \cdot I_1 + 15\ \Omega \cdot I_2 = 100\ V & \cdot 3 \\ 15\ \Omega \cdot I_1 + 17\ \Omega \cdot I_2 = 80\ V & \cdot 5 \end{cases}$$

$$(45\ \Omega - 85\ \Omega) \cdot I_2 = -100\ V \longrightarrow I_2 = \frac{100\ V}{40\ \Omega} = 2,5\ A$$

$$25\ \Omega \cdot I_1 + 15\ \Omega \cdot 2,5\ A = 100\ V \longrightarrow I_1 = \frac{100\ V - 37,5\ V}{25\ \Omega} = 2,5\ A$$

$$I_3 = I_1 + I_2 = 5\ A$$

Forsetzung des Beispiels:
Diskussion:

1. Alle Ströme sind positiv, also fließen sie in die ausgewählte Richtung
2. Überprüfung:
   - Man kann die 2. Kirchhoffsche Gleichung auf die große Masche anwenden (Uhrzeigersinn):

$$R_1 \cdot I_1 - R_2 \cdot I_2 + U_{q2} - U_{q1} = 0$$

$$10\,\Omega \cdot 2,5\,A - 2\,\Omega \cdot 2,5\,A + 80\,V - 100\,V = 0$$

$$25\,V - 5\,V + 80\,V - 100\,V = 0$$

   - Man kann die Spannung zwischen dem Knoten A und dem Knoten B auf mehreren Wegen schreiben:

$$U_{AB} = R_3 \cdot I_3 = 15\,\Omega \cdot 5\,A = 75\,V$$

$$U_{AB} = U_{q1} - R_1 \cdot I_1 = 100\,V - 10\,\Omega \cdot 2,5\,A = 75\,V$$

$$U_{AB} = -R_2 \cdot I_2 + U_{q2} = -2\,\Omega \cdot 2,5\,A + 80\,V = 75\,V$$

   - Leistungsbilanz:

$$-U_{q1} \cdot I_1 - U_{q2} \cdot I_2 + R_1 \cdot I_1^2 + R_2 \cdot I_2^2 + R_3 \cdot I_3^2 = 0$$

$$100V \cdot 2,5A - 80V \cdot 2,5A + 10\,\Omega \cdot (2,5A)^2 + 2\,\Omega \cdot (2,5A)^2 + 15\,\Omega \cdot (5A)^2 = 0$$

$$-250\,W - 200\,W + 62,5\,W + 12,5\,W + 375\,W = 0$$

2 Reihen– und Parallelschaltung von Widerständen

2.1 Reihenschaltung von Widerständen

2.1.1 Gesamtwiderstand

Die Abbildung 9 a) zeigt drei in Reihe geschaltete Widerstände, die an der Spannung U liegen.
Es wird der Gesamtwiderstand R_g gesucht (Abbildung 9 b).

Mit dem Maschensatz kann man schreiben:

$$U = U_1 + U_2 + U_3 \; .$$

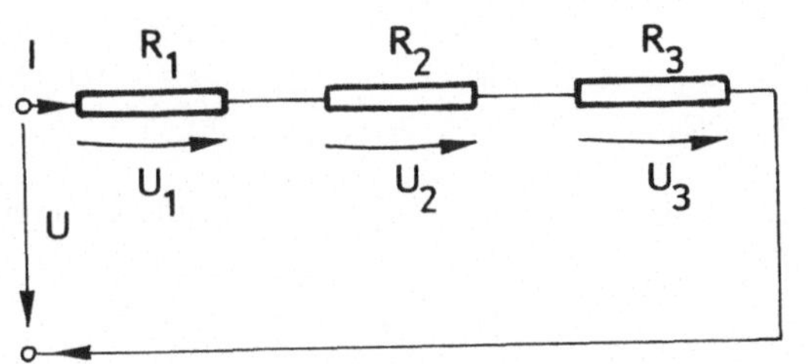

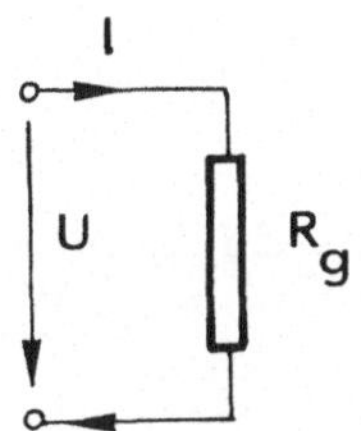

Abbildung 9: a) Reihenschaltung von Widerständen b) Ersatzschaltung

Außerdem ergibt das Ohmsche Gesetz:

$$U_1 = R_1 \cdot I \ , U_2 = R_2 \cdot I \ , U_3 = R_3 \cdot I \ , U = R_g \cdot I \ , \text{ also}$$

$$R_g \cdot I = R_1 \cdot I + R_2 \cdot I + R_3 \cdot I \ .$$

Dividiert man durch den Strom I, so erhält man:

$$R_g = R_1 + R_2 + R_3$$

oder, für eine beliebige Anzahl n von Widerständen R_μ:

$$\boxed{R_g = \sum_{\mu=1}^{n} R_\mu} \quad \text{(Reihenschaltung)}. \tag{39}$$

Sind alle n Widerstände gleich R, berechnet sich der Gesamtwiderstand zu:

$$\boxed{R_g = n \cdot R} \ . \tag{40}$$

Bemerkung: Reihen*schaltung bedeutet, daß alle Widerstände von* **demselben Strom** *I durchfloßen sind.*

2.1.2 Spannungsteiler

Wir wollen in der Schaltung nach Abbildung 9, links das Verhältnis zwischen den Teilspannungen U_1, U_2, U_3 und der Gesamtspannung U bestimmen, also wie sich die Spannung U „teilt".
Der Strom I, der durch die Widerstände R_1, R_2, R_3 fließt, ist derselbe, es gilt also:

$$I = \frac{U}{R_1 + R_2 + R_3} = \frac{U_1}{R_1} = \frac{U_2}{R_2} = \frac{U_3}{R_3}$$

und weiter:

$$\frac{U_1}{U} = \frac{R_1}{R_1 + R_2 + R_3} \; ; \qquad \frac{U_2}{U} = \frac{R_2}{R_1 + R_2 + R_3} \text{ usw.}$$

Allgemein gilt für die Teilspannung U_μ am μ-ten Teilwiderstand R_μ einer Reihenschaltung von n Widerständen:

$$U_\mu = \frac{R_\mu}{\sum_{\mu=1}^{n} R_\mu} \cdot U \tag{41}$$

Die folgende Schaltung dient zur Einstellung der Spannung zwischen $U = 0$ und einem Wert U.

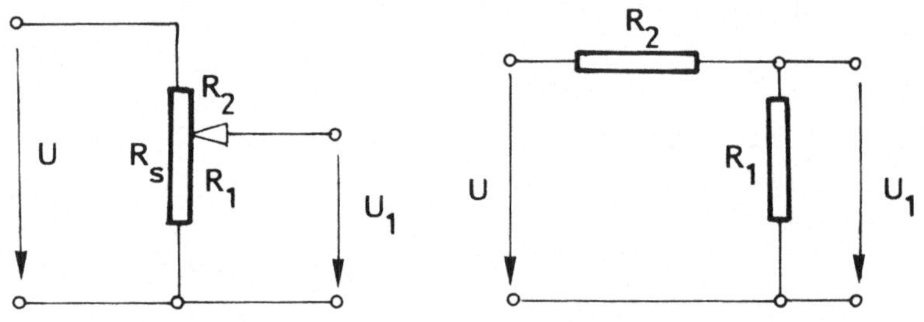

Abbildung 10: a) Potentiometer b) Ersatzschaltbild

Es ist:

$$U_1 = \frac{R_1}{R_1 + R_2} \cdot U$$

Man definiert:

$$\frac{R_1}{R_1 + R_2} = k \tag{42}$$

Der Faktor k variiert zwischen:

$$k = 0 \quad \leftrightarrow \quad R_1 = 0,\ R_2 = R_S$$
$$k = 1 \quad \leftrightarrow \quad R_1 = R_S,\ R_2 = 0$$

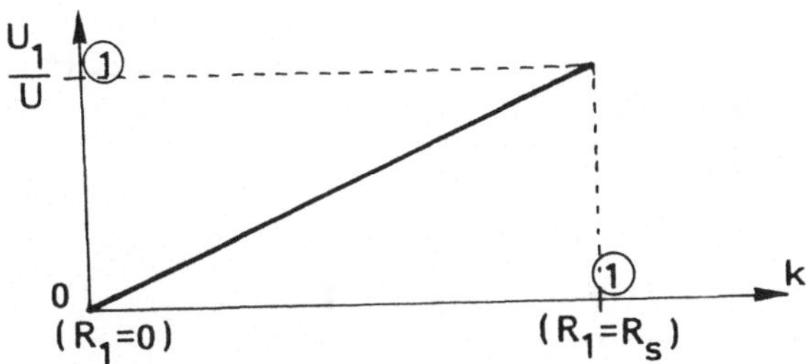

Abbildung 11: Abhängigkeit der relativen Ausgangsspannung von der Stellung des Schleifkontaktes, beim unbelasteten Spannungsteiler.

Bei dem **„unbelasteten" Spannungsteiler** (siehe Abbildung 11) ist $\frac{U_1}{U} = k$, d.h.: die Klemmenspanung U_1 ist proportional zur Stellung des Schleifkontaktes.

Beispiel:

Ein Spannungsteiler nach Abbildung 10 hat den Gesamtwiderstand $R_S = 1,1\,k\Omega$ und liegt an der Spannung $U = 220\,V$.
Welchen Wert hat die Spannung U_1, wenn der Widerstand $R_1 = 400\,\Omega$ betragen soll?

$$U_1 = \frac{R_1}{R_1 + R_2} \cdot U = \frac{400\,\Omega}{1100\,\Omega} \cdot 220\,V = 80\,V$$

Ist der Spannungsteiler mit einem Widerstand R_a **„belastet"** (Abbildung 12), so gilt dieser lineare Zusammenhang nicht mehr.

Gesucht wird wieder $U_1 = R_1 \cdot I_1 = R_a \cdot I_a$.
Dazu stellt man das Ersatzschaltbild des belasteten Spannungsteilers (Abbildung 12 b) auf. Man hat ein Netz mit $k = 2$ und $z = 3$. Das Gleichungssystem lautet also:

Knotengleichung:
Maschengleichungen:

$$\left\{ \begin{aligned} I &= I_1 + I_a \\ R_2 \cdot I + R_1 \cdot I_1 - U &= 0 \\ R_1 \cdot I_1 &= R_a \cdot I_a \end{aligned} \right.$$

Durch Umstellen der zweiten Maschengleichung erhält man

$$I_1 = \frac{R_a}{R_1} \cdot I_a$$

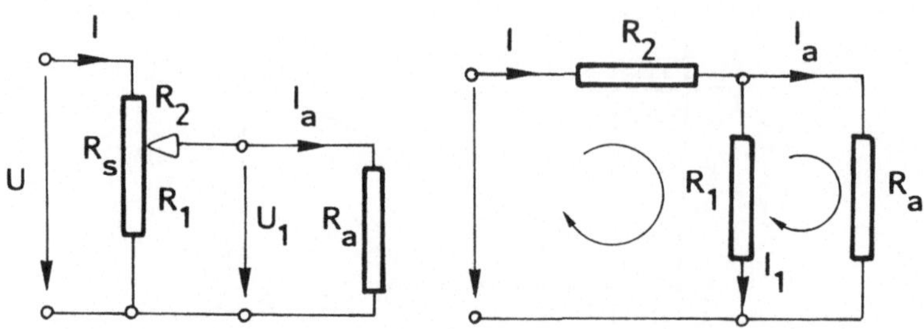

Abbildung 12: a) Belasteter Spannunsteiler, b) Ersatzschaltbild.

und somit

$$I = I_a\left(1 + \frac{R_a}{R_1}\right) .$$

Diese Gleichungen werden in die erste Maschengleichung eingesetzt:

$$\begin{aligned} R_2 \cdot I_a\left(1 + \frac{R_a}{R_1}\right) + R_a \cdot I_a &= U \\ I_a\left(R_2 + R_A + R_2 \cdot \frac{R_a}{R_1}\right) &= U \\ U_1 = R_a \cdot I_a &= \frac{U}{\frac{R_2}{R_a} + \frac{R_2}{R_1} + 1} \end{aligned}$$

Führt man $k = \frac{R_1}{R_1+R_2}$ ein, so ergibt sich ein **nicht**linearer Zusammenhang:

$$\frac{U_1}{U} = \frac{k}{1 + k \cdot (1-k) \cdot \frac{R_S}{R_a}} \qquad (43)$$

Bei $R_a = \infty$ (Leerlauf) ist $\frac{U_1}{U} = k$, also der Zusammenhang ist linear.

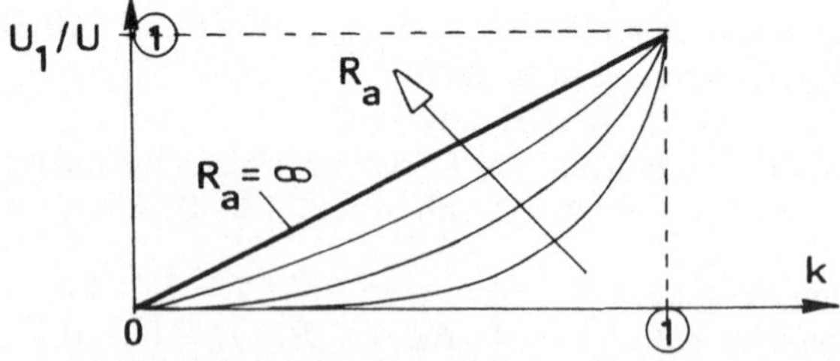

Abbildung 13: Ausgangsspannung bei verschiedenen Widerständen R_a.

Mit kleinerem Lastwiderstand R_a wird die „Regelbarkeit“ der Klemmenspannung erschwert. Die Abbildung 13 verdeutlicht dies.

Beispiel:

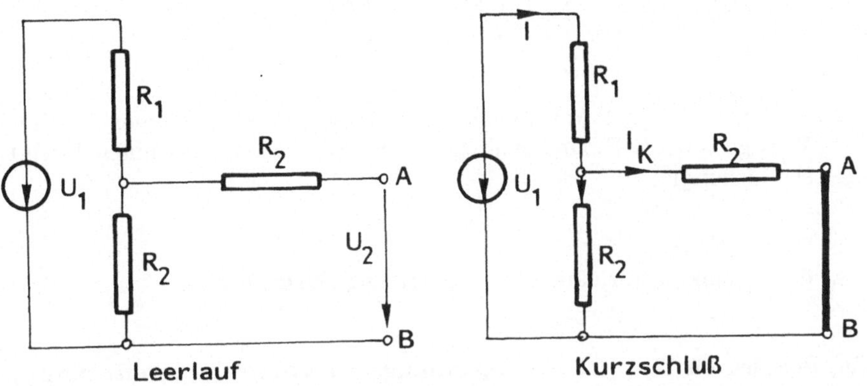

Die obenstehende Schaltung wird mit der Eingangsspannung $U_1 = 9V$ gespeist und gibt im Leerlauf die Spannung $U_2 = 1,8V$ an den Klemmen A–B ab. Wie groß müssen die Widerstände R_1 und R_2 sein, damit der Kurzschlußstrom $I_K = 1A$ ist?

Man braucht für R_1 und R_2 zwei Gleichungen. Die erste Gleichung liefert der Leerlauf (in der Abbildung links):

$$\begin{aligned}
U_2 &= U_1 \cdot \frac{R_2}{R_1 + R_2} \\
U_2 \cdot (R_1 + R_2) &= U_1 \cdot R_2 \\
U_2 \cdot R_1 &= R_2 \cdot (U_1 - U_2) \\
R_1 &= R_2 \cdot \frac{U_1 - U_2}{U_2} = R_2 \cdot \frac{(9 - 1,8)V}{1,8V} \\
R_1 &= 4 \cdot R_2
\end{aligned}$$

Die zweite Gleichung wird durch den Kurzschluß (in der Abbildung rechts) gewonnen:

$$I_K = \frac{1}{2} \cdot \frac{U_1}{\frac{R_2}{2} + R_1} = \frac{U_1}{2 \cdot R_1 + R_2} = \frac{U_1}{9 \cdot R_2}$$

$$R_2 = \frac{U_1}{9 \cdot I_K} = \frac{9V}{9 \cdot 1A} = 1\Omega; \qquad R_1 = 4\Omega$$

2.1.3 Vorwiderstand (Spannungs–Meßbereichserweiterung)

Reine Reihenschaltungen werden zu vielen Zwecken verwendet. Meistens wird mittels eines Vorwiderstandes R_{vw}

1. der Strom I eines Verbrauchers herabgesetzt oder auf einen bestimmten Wert gehalten (z.B. Drehzahlregelung bei Gleichstrommaschinen durch Feldschwächung)

2. der Stromkreis für eine größere Spannung eingerichtet .

Ein Beispiel für 2. ist die **Spannungs–Meßbereichserweiterung** eines Spannungsmessers. Falls man eine Spannung messen möchte, die größer als die Spannung ist, für die das Meßgerät ausgelegt ist, so kann man einen Vorwiderstand in Reihe mit dem Meßgerät schalten, der den Meßbereich erweitert.
Dabei darf der maximale Strom durch die Meßspule nicht größer werden, da sonst die Spule zerstört werden könnte.

Beispiel:

Ein Spannungsmesser mit dem Innenwiderstand $R_M = 1\,k\Omega$ hat den Meßbereich $U_M = 3\,V$.

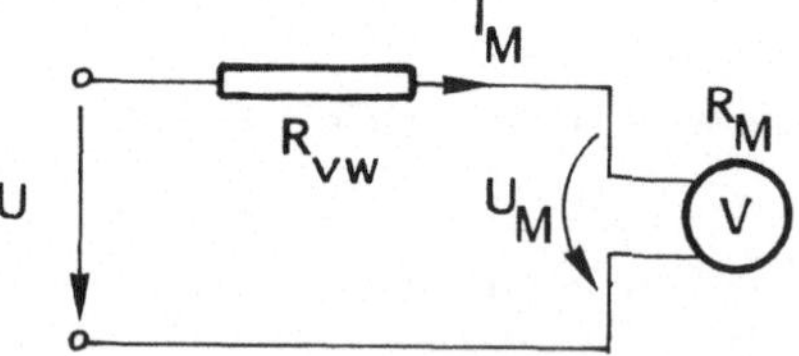

1. Welcher Vorwiderstand R_{vw} ist erforderlich, um den Bereich auf $U = 30\,V$ zu erweitern?

2. Wie groß ist der Strom I_M im Meßkreis nach und vor der Meßbereichserweiterung?

Fortsetzung des Beispiels

1.

$$U_M = U \cdot \frac{R_M}{R_M + R_{vw}} \Longrightarrow U_M\,(R_M + R_{vw}) = U \cdot R_M$$

$$R_{vw} = \frac{R_M\,(U - U_M)}{U_M} = 10^3\,\Omega \cdot \frac{30\,V - 3\,V}{3\,V} = 9 \cdot 10^3\,\Omega$$

2.

$$I_M = \frac{U}{R_M + R_{vw}} = \frac{30\,V}{1\,k\Omega + 9\,k\Omega} = 3\,mA$$

Dieser Strom ist derselbe wie vor der Meßbereichserweiterung, als man maximal U_M messen konnte:

$$I_M = \frac{U_M}{R_M} = \frac{3\,V}{1\,k\Omega} = 3\,mA\,,$$

denn er bestimmt den maximalen Ausschlag des Gerätes.

2.2 Parallelschaltung von Widerständen

2.2.1 Gesamtleitwert

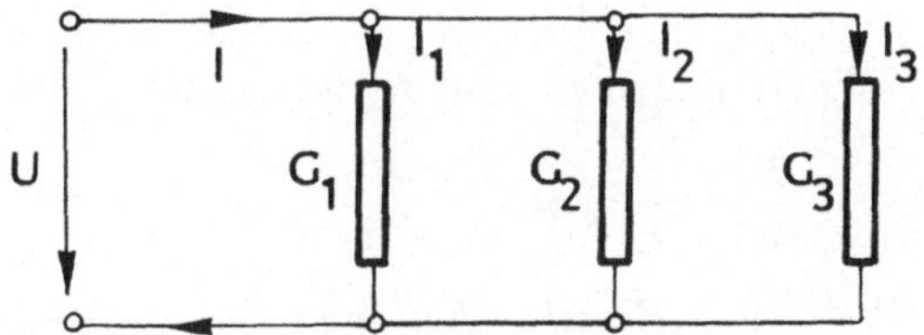

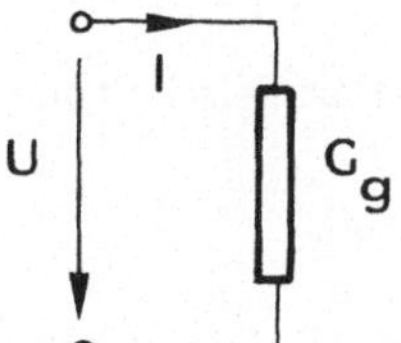

Abbildung 14: a) Parallelschaltung von Widerständen b) Ersatzschaltung

Hier empfiehlt es sich, mit Leitwerten G statt mit Widerständen zu arbeiten (vgl. Abbildung 14).

Man sucht wiederum den äquivalenten Gesamtleitwert G_g. Der Knotenpunktsatz liefert:

$$I = I_1 + I_2 + I_3$$

und das Ohmsche Gesetz ($I = G \cdot U$):

$$G_g \cdot U = G_1 \cdot U + G_2 \cdot U + G_3 \cdot U \ .$$

Dividiert man durch U, so ergibt sich:

$$G_g = G_1 + G_2 + G_3$$

oder, für eine beliebige Anzahl n von parallel geschalteten Leitwerten G_μ:

$$\boxed{G_g = \sum_{\mu=1}^{n} G_\mu} \ . \qquad (44)$$

Da meist die Widerstände R gegeben sind, gilt mit $R = \frac{1}{G}$:

$$\boxed{\frac{1}{R_g} = \sum_{\mu=1}^{n} \frac{1}{R_\mu}} \ . \qquad (45)$$

Sind alle Widerstände gleich, so ist:

$$\boxed{R_g = \frac{R_\mu}{n} \ .} \ .$$

Die Parallelschaltung von zwei Widerständen R_1 und R_2 ist danach:

$$\frac{1}{R_1} = \frac{1}{R_1} + \frac{1}{R_2} \Longrightarrow R_g = \frac{R_1 \cdot R_2}{R_1 + R_2}$$

Satz 10 *Der Gesamtwiderstand R_g einer Parallelschaltung ist immer* **kleiner als der kleinste Teilwiderstand**.

2.2.2 Stromteiler

In der Schaltung in Abbildung 15, links wird nach dem Verhältnis der Teilströme I_1, I_2, I_3 zum gesamten Strom I gesucht, also wie sich der Strom „teilt“.
Die Spannung ist hier dieselbe. Es gilt:

$$U = \frac{I_1}{G_1} = \frac{I_2}{G_2} = \frac{I_3}{G_3} = \frac{I}{G_1 + G_2 + G_3} \ .$$

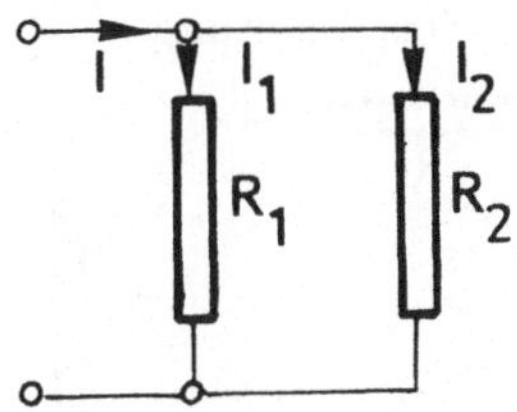

Abbildung 15: Stromteiler

Weiterhin gilt:

$$I_1 = \frac{G_1}{G_1 + G_2 + G_3} \cdot I \; ; \qquad I_2 = \frac{G_2}{G_1 + G_2 + G_3} \cdot I \text{ usw.}$$

Allgemein gilt für den Teilstrom I_μ am μ-ten Leitwert G_μ:

$$\boxed{I_\mu = \frac{G_\mu}{\sum\limits_{\mu=1}^{n} G_\mu} \cdot I \, .} \quad . \tag{46}$$

Die Ströme verhalten sich in einer Parallelschaltung wie die zugehörigen Teilleitwerte. Im Falle von nur zwei Widerständen teilt sich der Strom I also folgendermaßen:

$$I_1 = \frac{G_1}{G_1 + G_2} \cdot I = \frac{\frac{1}{R_1}}{\frac{1}{R_1} + \frac{1}{R_2}} \cdot I$$

$$\boxed{I_1 = \frac{R_2}{R_1 + R_2} \cdot I} \, .$$

Merke: Für den Zähler eines Teilstromes ist der gegenüberliegende Widerstand zu nehmen.

Die Stromteilerregel wird sehr oft zur Berechnung von Stromkreisen eingesetzt, vor allem dann, wenn nur eine Quelle wirkt.

Beispiel:
Berechnen Sie in der folgenden Schaltung alle Ströme.

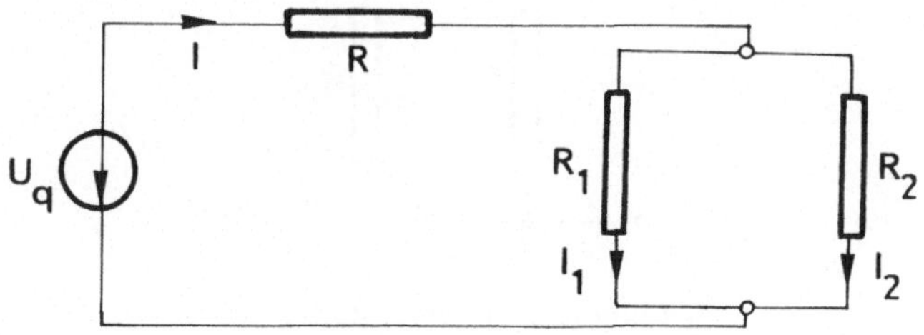

Zur Berechnung des Stromes I schreibt man das Ohmsche Gesetz:

$$U_q = R_g \cdot I$$

mit

$$R_g = R + \frac{R_1 \cdot R_2}{R_1 + R_2} = 3\,\Omega + \frac{3\,\Omega \cdot 6\,\Omega}{3\,\Omega + 6\,\Omega} = 5\,\Omega\ .$$

Damit wird der Gesamtstrom

$$I = \frac{U_q}{R_g} = \frac{30\,V}{5\,\Omega} = 6\,A\ .$$

Jetzt wendet man die Stromteilerregel zweimal an:

$$I_1 = I \cdot \frac{R_2}{R_1 + R_2} = 6\,A \cdot \frac{6\,\Omega}{9\,\Omega} = 4\,A\ ;\ I_2 = I \cdot \frac{R_1}{R_1 + R_2} = 6\,A \cdot \frac{3\,\Omega}{9\,\Omega} = 2\,A$$

Überprüfungen:

1. Erste Kirchhoffsche Gleichung:

$$I = I_1 + I_2 \Longrightarrow 6\,A = 4\,A + 2\,A$$

2. Zweite Kirchhoffsche Gleichung (innere Masche):
   $R \cdot I + R_1 \cdot I_1 - U_q = 0$
   $3\,\Omega \cdot 6\,A + 3\,\Omega \cdot 4\,A = 30\,V$
   $30\,V = 30\,V$

3. Leistungsbilanz:
   $-U_q \cdot I + R \cdot I^2 + R_1 \cdot I_1^2 + R_2 \cdot I_2^2 = 0$
   $-30\,V \cdot 6\,A + 3\,\Omega \cdot (6\,A)^2 + 3\,\Omega \cdot (4\,A)^2 + 6\,\Omega \cdot (2\,A)^2 = 0$
   $-180\,W + 108\,W + 48\,W + 24\,W = 0$
   $-180\,W + 180\,W = 0$

Beispiel:
Einer Parallelschaltung von drei Widerständen ($R_1 = 10\Omega$, $R_2 = 20\Omega$, $R_3 = 30\Omega$) wird der Strom $I = 11\,A$ zugeführt.

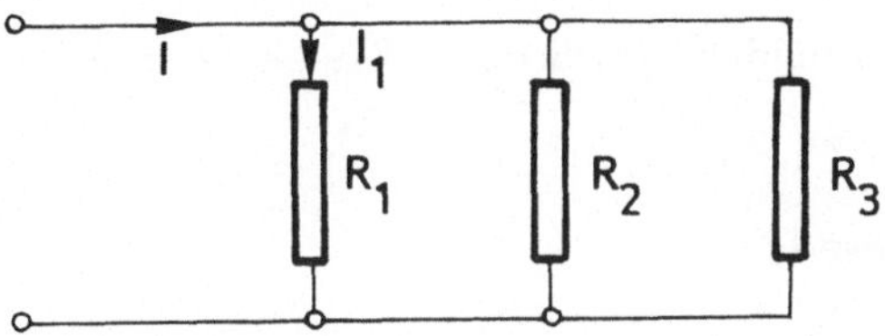

Der Zweigstrom I_1 ist zu berechnen.

Man schaltet R_2 parallel zu R_3. Der daraus resultierende Widerstand R' ist:

$$R' = \frac{R_2 \cdot R_3}{R_2 + R_3} = \frac{20\,\Omega \cdot 30\,\Omega}{20\,\Omega + 30\,\Omega} = \frac{600\,\Omega^2}{50\,\Omega} = 12\,\Omega\ .$$

Der gesuchte Strom berechnet sich wie folgt:

$$I_1 = I \cdot \frac{R'}{R_1 + R'} = 11\,A \cdot \frac{12\,\Omega}{22\,\Omega} = 6\,A$$

Oder mit Leitwerten:

$$I_1 = I \cdot \frac{G_1}{G_1 + G_2 + G_3}\ ,$$

wobei $G_1 = 0,1\,S$, $G_2 = 0,05\,S$ und $G_3 = 0,0333\,S$ ist.

$$I_1 = 11\,A \cdot \frac{0,1\,S}{0,1833\,S} = 6\,A.$$

2.2.3 Nebenwiderstand (Strom–Meßbereichserweiterung)

Nebenwiderstände benutzt man z.B. zur **Strom**-Meßbereichserweiterung. Soll ein Strom gemessen werden, der größer als der Vollausschlagsstrom I_M ist, so schaltet man parallel zum Strommesser einen Nebenwiderstand R_N (vgl. Abbildung 16). Dann ist

$$I_M = I \cdot \frac{R_N}{R_M + R_N}\ ,$$

d.h. man kann Ströme bis

$$I = I_M \cdot \frac{R_M + R_N}{R_N} = I_M \cdot \left(1 + \frac{R_M}{R_N}\right)$$

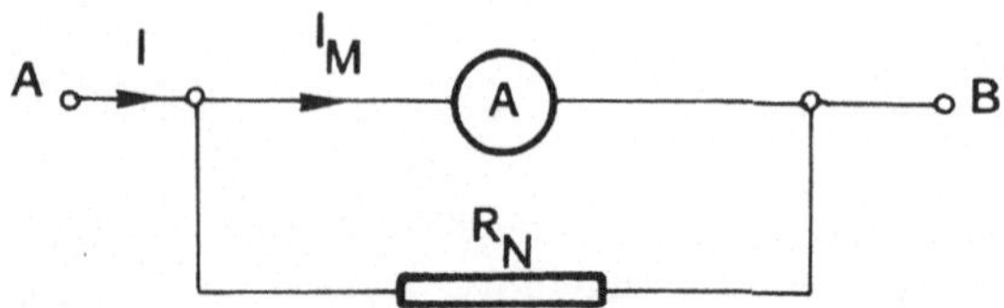

Abbildung 16: Strommeßbereichserweiterung

messen (Skalenendwert).

Beispiel:

Ein Drehspulinstrument mit dem Vollausschlagsstrom $I_M = 50\,\mu A$ und dem Meßwerkswiderstand $R_M = 1\,k\Omega$ soll Ströme bis $I = 1\,mA$ (Faktor 20) messen. Wie groß muß der Nebenwiderstand R_N sein?

$$1 + \frac{R_M}{R_N} = \frac{I}{I_M} \Longrightarrow \frac{R_M}{R_N} = \frac{I}{I_M} - 1 = \frac{10^{-3}\,A}{50 \cdot 10^{-6}\,A} - 1 = 19$$

$$R_N = \frac{R_M}{19} = \frac{1\,k\Omega}{19} = 52{,}6\,\Omega\ .$$

2.3 Vergleich zwischen Reihen–und Parallelschaltung

Die Tabelle 2, Seite 35 stellt die Reihen- und Parallelschaltung gegenüber. Man kommt aufgrund dieser Tabelle zu folgenden Schlußfolgerungen:

- Die Gleichungen links und rechts sind dieselben, wenn man I gegen U **und** R gegen G austauscht. Die Reihen- und die Parallelschaltung verhalten sich **dual** zueinander.
  Man kann sich die Formeln für nur eine Schaltung merken, die anderen ergeben sich durch Vertauschen von U in I und von R in G.
- Die Formeln für die **Reihen**schaltung sind einfacher, wenn man mit **Widerständen R** arbeitet. Die Formeln für die **Parallel**schaltung sind dagegen einfacher, wenn man mit **Leitwerten G** arbeitet.

Satz 11 *Reihenschaltung und Parallelschaltung verhalten sich dual zueinander.*

Tabelle 2: Vergleich von Reihen– und Parallelschaltung

Reihenschaltung	Parallelschaltung
Spannungsgleichung: $$U = \sum_{\mu=1}^{n} U_\mu$$ $U = U_1 + U_2 + U_3$	Stromgleichung: $$I = \sum_{\mu=1}^{n} I_\mu$$ $I = I_1 + I_2 + I_3$
Teilspannungen: $U_\mu = R_\mu \cdot I$	Teilströme: $I_\mu = G_\mu \cdot U$
Gesamtwiderstand: $R_g \cdot I = R_1 \cdot I + R_2 \cdot I + R_3 \cdot I$ $$R_g = \sum_{\mu=1}^{n} R_\mu$$ n gleiche Widerstände R_μ: $R_g = n \cdot R_\mu$	Gesamtleitwert: $G_g \cdot U = G_1 \cdot U + G_2 \cdot U + G_3 \cdot U$ $$G_g = \sum_{\mu=1}^{n} G_\mu = \sum_{\mu=1}^{n} \frac{1}{R_\mu} = \frac{1}{R_g}$$ n gleiche Leitwerte G_μ: $G_g = n \cdot G_\mu$
Spannungsteiler: 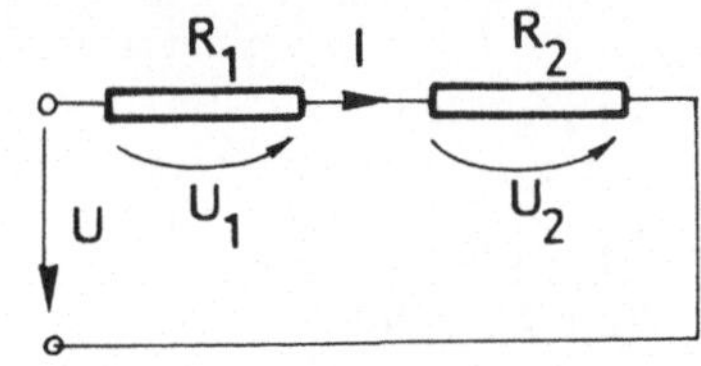 $$I = \frac{U}{R_g} = \frac{U_1}{R_1} = \frac{U_2}{R_2}\ ;\ \frac{U_1}{U_2} = \frac{R_1}{R_2} = \frac{G_2}{G_1}$$ $$U_1 = U \cdot \frac{R_1}{R_1 + R_2} = U \cdot \frac{G_2}{G_1 + G_2}$$	Stromteiler: 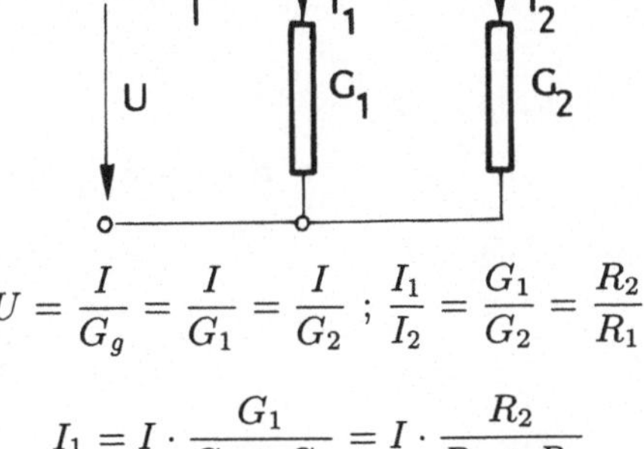 $$U = \frac{I}{G_g} = \frac{I}{G_1} = \frac{I}{G_2}\ ;\ \frac{I_1}{I_2} = \frac{G_1}{G_2} = \frac{R_2}{R_1}$$ $$I_1 = I \cdot \frac{G_1}{G_1 + G_2} = I \cdot \frac{R_2}{R_1 + R_2}$$

2.4 Gruppenschaltungen von Widerständen

Bei komplizierten Schaltungen sind die Regeln der Reihen- und Parallelschaltung schrittweise anzuwenden. Man ersetzt immer ganze Widerstandsgruppen durch Ersatzwiderstände, die durch die bekannten Regeln sofort angegeben werden können, bis zum Gesamtwiderstand der Schaltung.
Nachfolgend werden einige Beispiele zur Ermittlung des Gesamtwiderstandes von Gruppenschaltungen gerechnet.

Beispiel:

Berechnen Sie den Eingangswiderstand der folgenden drei Schaltungen. Verwenden Sie dazu die abgekürzte Schreibweise und achten Sie dabei sorgfältig auf den Gebrauch der Klammer .

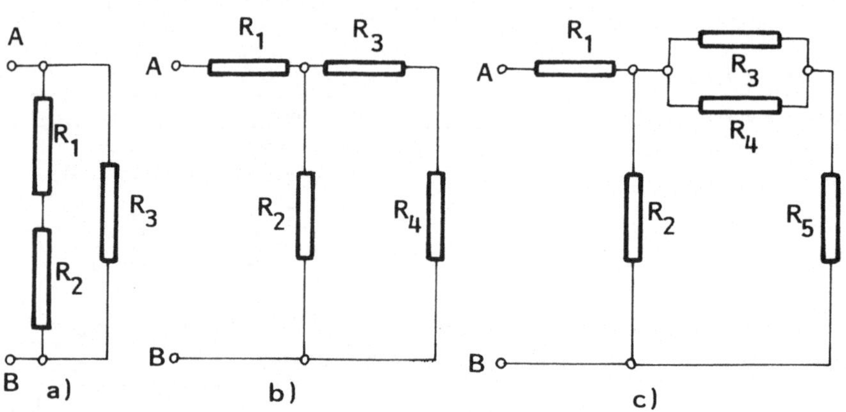

Lösung zu a):

$$R_{AB} = R_3 || (R_1 + R_2) = \frac{R_3 (R_1 + R_2)}{R_1 + R_2 + R_3}$$

Lösung zu b):

$$\begin{aligned} R_{AB} &= R_1 + R_2 || (R_3 + R_4) \\ &= R_1 + \frac{R_2 (R_3 + R_4)}{R_2 + R_3 + R_4} \end{aligned}$$

Fortsetzung des Beispiels:

Lösung zu c):

Diese Schaltung ist komplizierter. Man geht deshalb schrittweise vor. Man fängt an mit den vom Eingang **entferntesten** Widerständen und man nähert sich schrittweise den Eingangsklemmen A–B.

1. Zusammenfassung der Parallelwiderstände R_3 und R_4:

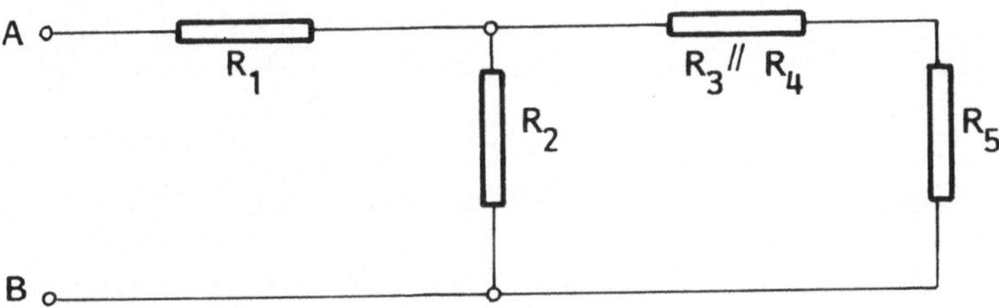

2. Zusammenfassung der Parallelschaltung $R_3||R_4$ und R_5:

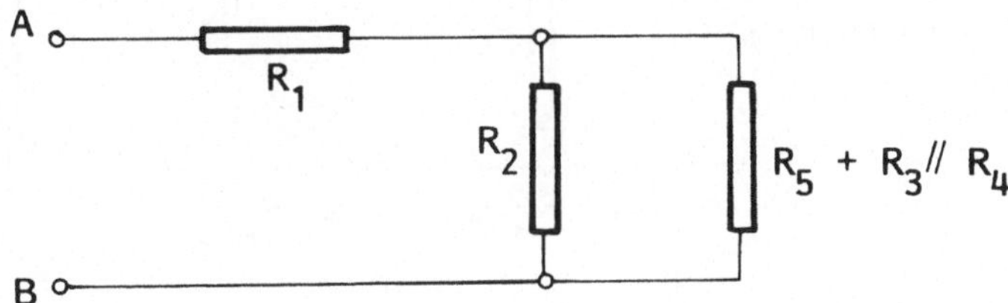

3. Nun fasst man diesen Widerstand mit dem parallel liegenden Widerstand R_2 zusammen:

Fortsetzung des Beispiels:

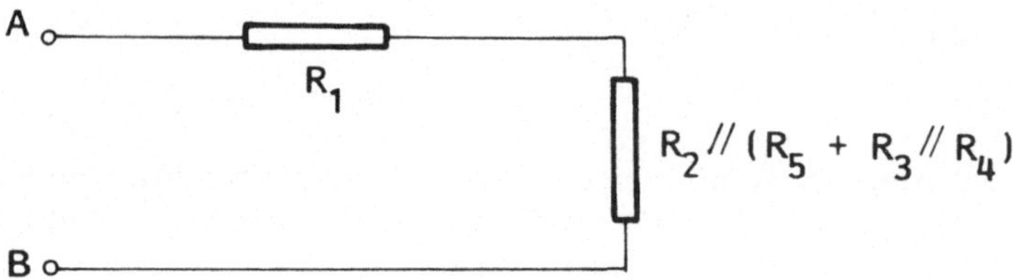

$$R_{AB} = R_1 + R_2||\big(R_5 + (R_3||R_4)\big) = R_1 + \frac{R_2\left(R_5 + \dfrac{R_3 \cdot R_4}{R_3 + R_4}\right)}{R_2 + R_5 + \dfrac{R_3 \cdot R_4}{R_3 + R_4}}$$

Um den Gesamtwiderstand nach c) zu berechnen kann man auch anders vorgehen:

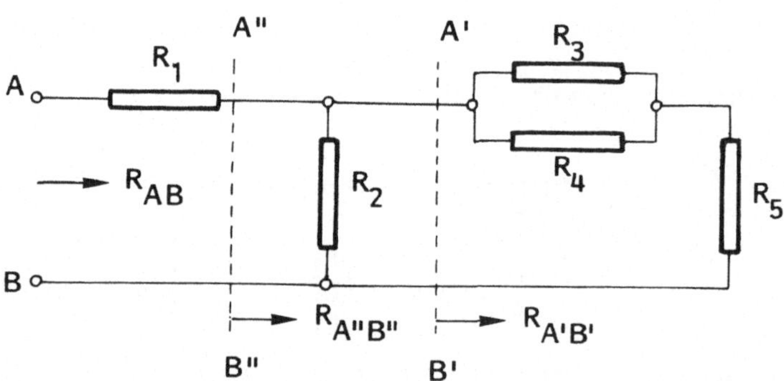

Für die einzelnen Teilwiderstände gilt dann:

$$R_{A'B'} = R_5 + (R_3||R_4)$$

$$R_{A''B''} = R_2||R_{A'B'}$$

$$R_{AB} = R_1 + R_{A''B''}$$

2.5 Schaltungssymmetrie

Große Vereinfachungen bei der Behandlung von symmetrischen Schaltungen kann man dadurch erreichen, daß man Punkte erkennt, zwischen denen keine Spannung auftritt[12]. Solche Punkte kann man einfach **kurzschließen**, oder mit **beliebig großen Widerständen (auch unendlich groß)** miteinander verbinden, ohne daß hierdurch Ströme oder Spannungen in der Schaltung verändert werden.

Beispiel:
Zu berechnen ist der Eingangswiderstand R_{A-B}.

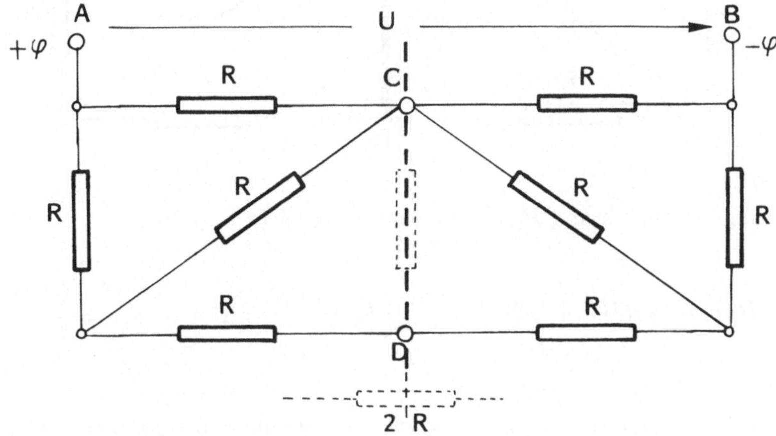

Man sucht nach Punkten mit dem gleichen elektrischen Potential.
Alle Punkte auf der **Symmetrieachse** CD haben das gleiche Potential. Dies kann man so erklären:
Die Spannung zwischen A und C ist die Hälfte von U. Die Spannung zwischen A und D ist aber auch die Hälfte von U! C und D haben dasselbe Potential.

Man darf also zwischen C und D einen beliebigen Widerstand R_{CD} einfügen (im Grenzfall $R_{CD} = 0$), ohne daß sich die Ströme in der Schaltung ändern. Wir schließen die Punkte C und D kurz.
(Würde der untere Zweig aus einem einzigen Widerstand $2R$ – gestrichelt dargestellt – bestehen und der Punkt D nicht zugänglich sein, so könnte man „gedanklich" den Widerstand $2R$ „durchschneiden" und den entstehenden Punkt gedanklich mit C kurzschließen).

[12]Man bezeichnet solche Punkte als **Punkte gleichen Potentials**.

Fortsetzung des Beispiels:

Die gleichwertige Schaltung hat dann folgendes Aussehen:

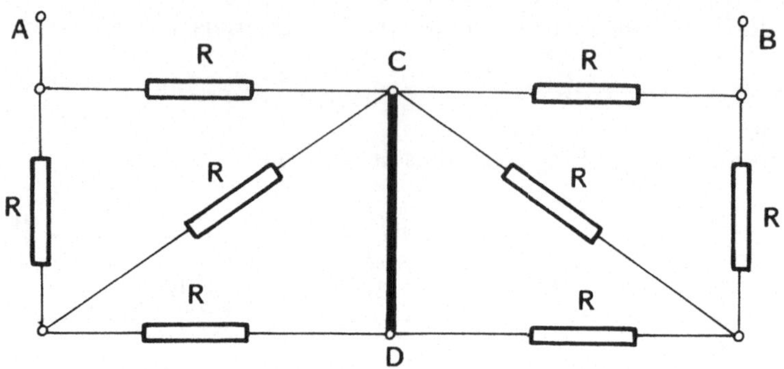

Den Eingangswiderstand R_{AB} kann man jetzt leicht schreiben:

$$R_{AB} = 2\Big(R||(R + (R||R))\Big) = 2\left(R||\frac{3 \cdot R}{2}\right) = 2 \cdot \frac{R \cdot \frac{3\,R}{2}}{R + \frac{3\,R}{2}} = \frac{6}{5}\,R$$

Bemerkung: An Hand dieses Beispiels sieht man, daß man sich viel Arbeit ersparen kann, wenn man nach Symmetrien und den daraus entstehenden Vereinfachungen Ausschau hält, anstatt gleich eine Netzumwandlung durchzuführen. In dem obigen Beispiel hätte man nämlich ohne Vereinfachungen die Dreieckschaltungen in Sternschaltungen umwandeln müssen. Dieser Weg ist aber wesentlich aufwendiger.

3 Netzumwandlung

In vielen Schaltungen lassen sich Gruppen von Widerständen zusammenfassen, die vom selben Strom durchflossen werden (Reihenschaltung) oder die an derselben Spannung liegen (Parallelschaltung).
Als Beispiel betrachten wir die Schaltung nach Abbildung 17. Es handelt sich hier um eine **abgeglichene Brücke**. Der Gesamtwiderstand dieser Schaltung läßt sich leicht berechnen:

$$R_{AB} = (R_1 + R_2)||(R_3 + R_4) = \frac{(R_1 + R_2) \cdot (R_3 + R_4)}{R_1 + R_2 + R_3 + R_4} \;.$$

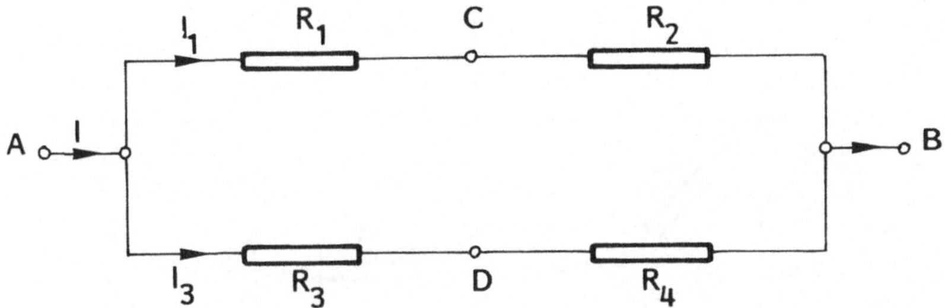

Abbildung 17: Abgeglichene Brücke

Verbindet man die Punkte C und D durch einen 5. Widerstand R_5, so entsteht eine **„unabgeglichene Brückenschaltung"** , die sich nicht mehr als Kombination von Reihen- und Parallelschaltungen auffassen läßt (siehe Abbildung 18).

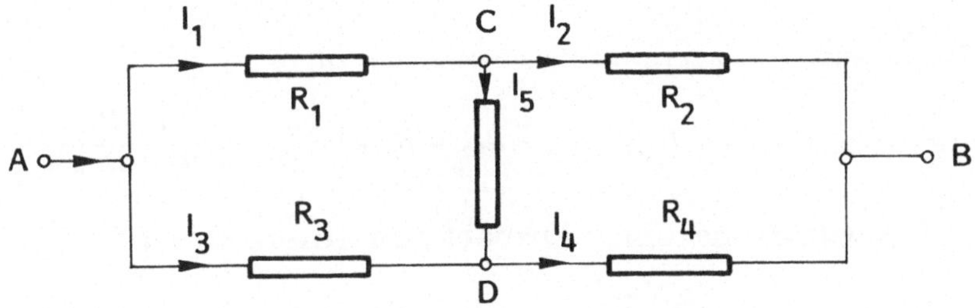

Abbildung 18: Unabgeglichene Brückenschaltung

In der Tat sind jetzt die Widerstände R_1 und R_2, wie auch R_3 und R_4 nicht mehr von demselben Strom durchflossen; sie bilden also keine Reihenschaltungen. Auch parallel kann man die Widerstände nicht mehr schalten. Der Gesamtwiderstand kann nur berechnet werden, wenn man eine „Netzumwandlung" vornimmt.

Das geschieht bei der Brückenschaltung folgendermaßen: In einem ersten Schritt zeichnet man die Schaltung so um, daß zwei Dreieckschaltungen zu erkennen sind (Abbildung 19, links).
Wandelt man ein Dreieck in einen Stern um, so ergibt sich eine Gruppenschaltung aus in Reihe und parallel geschalteten Widerständen, die leicht berechnet werden kann. Die Bedingung ist, daß die umgewandelte Schaltung sich nach außen hin gleich verhält. Die Abbildung 19 rechts zeigt die Schaltung mit einem umgewandelten Dreieck.

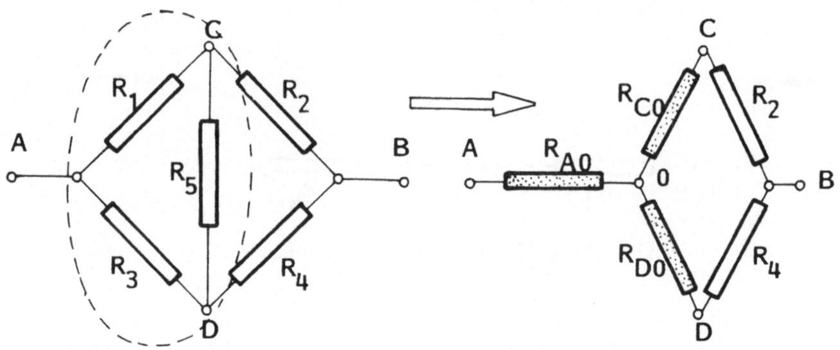

Abbildung 19: Umgewandelte Brückenschaltung

Der Gesamtwiderstand R_{AB} berechnet sich dann zu

$$R_{AB} = R_{A0} + (R_{C0} + R_2)||(R_{D0} + R_4) = R_{A0} + \frac{(R_{C0} + R_2) \cdot (R_{D0} + R_4)}{R_{C0} + R_2 + R_{D0} + R_4} .$$

3.1 Umwandlung eines Dreiecks in einen Stern

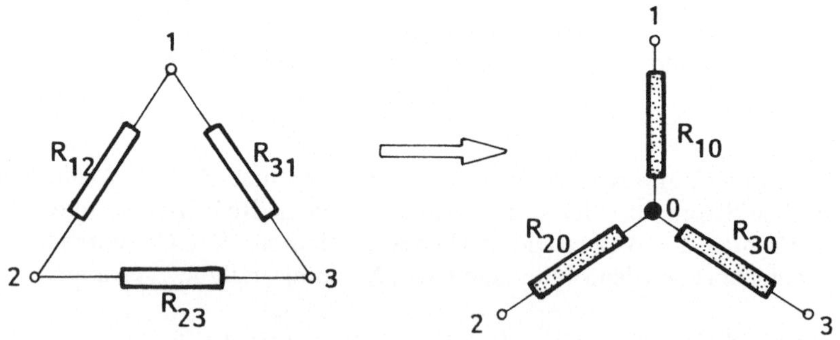

Abbildung 20: Umwandlung eines Dreiecks in einen Stern

Die Abbildung 20 zeigt links die Dreieckschaltung und rechts die äquivalente Sternschaltung. Die Widerstände zwischen den Klemmen müssen in beiden Schaltungen gleich sein.

Wenn man z.B. die Klemmen 1 – 2 in den beiden Schaltungen betrachtet, so sieht man bei der Dreieckschaltung (links) eine Parallelschaltung des Widerstandes R_{12} mit der Reihenschaltung von R_{23} und R_{31}. Bei der Sternschaltung (rechts) dagegen erscheint die einfache Reihenschaltung von R_{10} und R_{20}, während der dritte Widerstand R_{30} unbeteiligt bleibt.
Ähnlich verhalten sich die Klemmenpaare $2-3$ und $1-3$, so daß man die folgenden drei Gleichungen aufstellen kann:

$$\text{1–2:} \qquad \frac{R_{12} \cdot (R_{13} + R_{23})}{R_{12} + R_{13} + R_{23}} = R_{10} + R_{20} \tag{47}$$

$$\text{2–3:} \qquad \frac{R_{23} \cdot (R_{12} + R_{13})}{R_{12} + R_{13} + R_{23}} = R_{20} + R_{30} \tag{48}$$

$$\text{1–3:} \qquad \frac{R_{13} \cdot (R_{12} + R_{23})}{R_{12} + R_{13} + R_{23}} = R_{10} + R_{30} \tag{49}$$

Aus diesen drei Gleichungen lassen sich die unbekannten Widerstände der Sternschaltung bestimmen.
Subtrahiert man Gleichung (48) von Gleichung (49), so kürzt sich R_{30} heraus:

$$R_{10} - R_{20} = \frac{R_{13}\,R_{12} + R_{13}\,R_{23} - R_{23}\,R_{12} - R_{23}\,R_{13}}{R_{12} + R_{13} + R_{23}} \ . \tag{50}$$

Durch Addition der Gleichung (47) kürzt sich auch R_{20} heraus und es ergibt sich für R_{10}:

$$2 \cdot R_{10} = \frac{R_{13}\,R_{12} - R_{23}\,R_{12} + R_{12}\,R_{13} + R_{12}\,R_{23}}{R_{12} + R_{13} + R_{23}} \tag{51}$$

$$R_{10} = \frac{R_{12} \cdot R_{13}}{R_{12} + R_{13} + R_{23}} \ . \tag{52}$$

Setzt man Gleichung (52) in Gleichung (47) ein, so ergibt sich für R_{20}:

$$R_{20} = \frac{R_{12} \cdot (R_{13} + R_{23})}{R_{12} + R_{13} + R_{23}} - \frac{R_{12} \cdot R_{13}}{R_{12} + R_{13} + R_{23}} \ .$$

$$R_{20} = \frac{R_{12} \cdot R_{23}}{R_{12} + R_{13} + R_{23}} \tag{53}$$

Schließlich erhält man aus Gleichung (49) oder Gleichung (48) R_{30} als:

$$R_{30} = \frac{R_{13} \cdot R_{23}}{R_{12} + R_{13} + R_{23}} . \qquad (54)$$

Die Umwandlungsregel für die Sternwiderstände lautet also:

$$\text{Sternwiderstand} = \frac{\text{Produkt der Anliegerwiderstände}}{\text{Umfangswiderstand}} .$$

Ist das Dreieck symmetrisch, d.h. $R_{12} = R_{13} = R_{23} = R_{Dreieck}$, so ist:

$$R_{Stern} = \frac{R_{Dreieck}}{3} .$$

Beispiel:

In der Schaltung nach Abbildung 18, Seite 41 seien die Widerstände

$$R_1 = 200\,\Omega\ ,\ R_2 = 150\,\Omega\ ,\ R_3 = 400\,\Omega\ ,\ R_4 = 500\,\Omega\ ,\ R_5 = 200\,\Omega\ .$$

Berechnen Sie den Eingangswiderstand der Brückenschaltung.

Nach der Dreieck–Stern–Transformation (vgl. Abbildung 19, Seite 42) ergeben sich die Sternwiderstände:

$$R_{A0} = \frac{R_1 \cdot R_3}{\sum R} = \frac{200\,\Omega \cdot 400\,\Omega}{(200 + 400 + 200)\,\Omega} = 100\,\Omega\ ,$$

$$R_{C0} = \frac{R_1 \cdot R_5}{\sum R} = \frac{200\,\Omega \cdot 200\,\Omega}{(200 + 400 + 200)\,\Omega} = 50\,\Omega\ ,$$

$$R_{D0} = \frac{R_3 \cdot R_5}{\sum R} = \frac{400\,\Omega \cdot 200\,\Omega}{(200 + 400 + 200)\,\Omega} = 100\,\Omega\ .$$

Der Gesamtwiderstand der Brückenschaltung ist nach Abbildung 19:

$$\begin{aligned} R_{AB} &= R_{A0} + (R_2 + R_{C0})||(R_4 + R_{D0}) \\ R_{AB} &= 100\,\Omega + (150 + 50)\,\Omega||(500 + 100)\,\Omega \\ R_{AB} &= 100\,\Omega + 200\,\Omega||600\,\Omega = 100\,\Omega + 150\,\Omega \end{aligned}$$

$$\rightarrow R_{AB} = 250\,\Omega\ .$$

Beispiel:

Man berechne für die folgende Schaltung (Bild oben) den Eingangswiderstand R_{AB}.

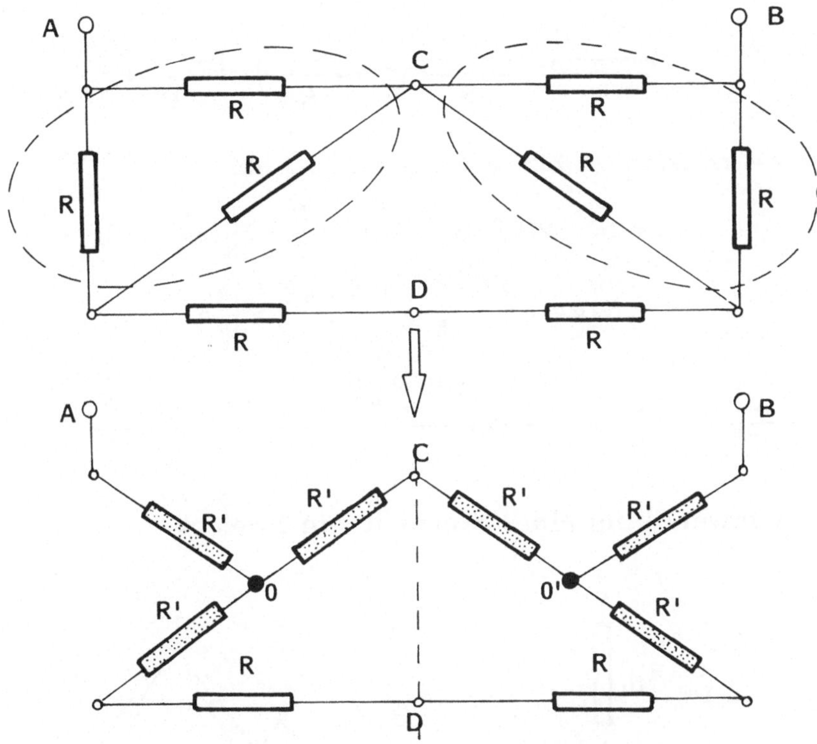

Der Gesamtwiderstand R_{AB} kann (wegen den zwei querliegenden Widerständen) nicht ohne eine Netzumwandlung direkt geschrieben werden.

Wandelt man die äußeren Dreiecke in Sterne um (Bild unten), so entstehen zwei neue Knoten: 0 und 0'. Die Sternwiderstände sind dreimal kleiner als die Dreieckswiderstände ($R' = \frac{R}{3}$). Nach der Umwandlung erhält man die im vorigen Bild unten dargestellte Schaltung, die man auch folgendermaßen darstellen kann:

Fortsetzung des Beispiels:

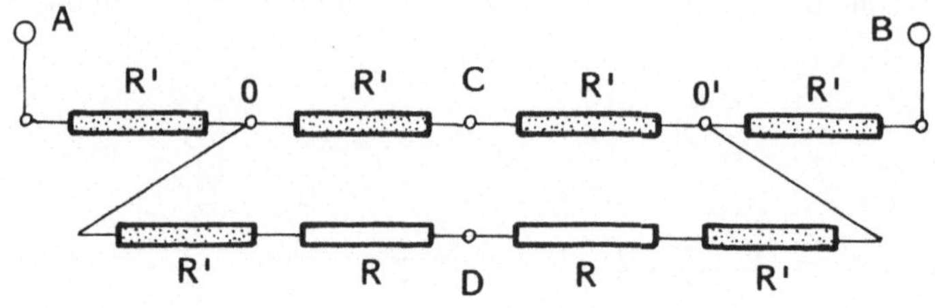

Der Widerstand an den Klemmen A–B ergibt sich als:

$$R_{AB} = 2R' + 2R' \parallel (2R' + 2R) = 2\frac{R}{3} + 2\frac{R}{3}(2\frac{R}{3} + 2R)$$

$$R_{AB} = 2\frac{R}{3} + \frac{8R}{15} = \frac{10R + 8R}{15} = \frac{18}{15}R.$$

$$R_{AB} = \frac{6}{5}R.$$

3.2 Umwandlung eines Sterns in ein Dreieck

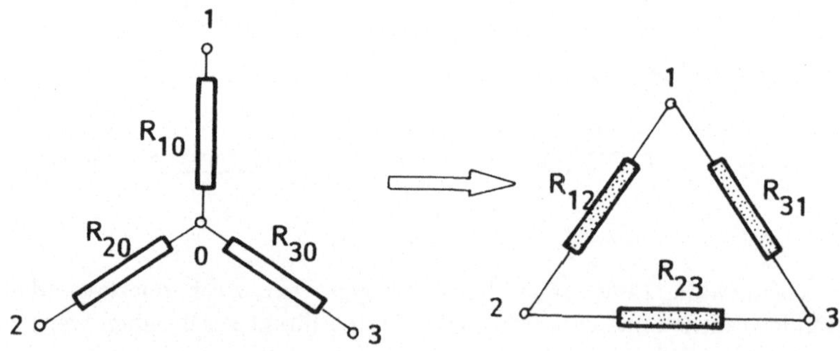

Abbildung 21: Umwandlung eines Sterns in ein Dreieck

Jetzt sind die Widerstände R_{10}, R_{20}, R_{30} bekannt und man sucht die entsprechenden Dreieckwiderstände R_{12}, R_{13}, R_{23} (siehe Abbildung 21). Dazu kann man von den Gleichungen (47), (49) und (48) ausgehen:

$$\underbrace{\frac{R_{12} \cdot R_{13}}{R_{10}}}_{\text{aus Gleichung (52)}} = \underbrace{\frac{R_{12} \cdot R_{23}}{R_{20}}}_{\text{aus Gleichung (53)}} = \underbrace{\frac{R_{13} \cdot R_{23}}{R_{30}}}_{\text{aus Gleichung (54)}} = R_{12}+R_{13}+R_{23} \; . \tag{55}$$

Aus diesen drei Gleichungen kann man die drei unbekannten Widerstände bestimmen.

Wir beginnen mit R_{13}:

Man drückt die Widerstände R_{12} und R_{23} als Funktionen von R_{13} aus:

$$R_{23} = R_{13} \cdot \frac{R_{20}}{R_{10}} \; , \; R_{12} = R_{13} \cdot \frac{R_{20}}{R_{30}} \; .$$

Bildet man die Summe, so erhält man folgendes Zwischenergebnis:

$$R_{13} \cdot \frac{R_{20}}{R_{10}} + R_{13} \cdot \frac{R_{20}}{R_{30}} + R_{13} = R_{13} \cdot R_{13} \cdot \frac{R_{20}}{R_{30} \cdot R_{10}} \; .$$

Somit ergibt sich für den Widerstand R_{13}:

$$R_{13} = R_{10} + R_{30} + \frac{R_{30} \cdot R_{10}}{R_{20}} = \frac{R_{10}\,R_{20} + R_{20}\,R_{30} + R_{10}\,R_{30}}{R_{20}} \; , \tag{56}$$

und ähnlich für die anderen beiden Widerstände:

$$R_{23} = R_{20} + R_{30} + \frac{R_{20} \cdot R_{30}}{R_{10}} = \frac{R_{10}\,R_{20} + R_{20}\,R_{30} + R_{10}\,R_{30}}{R_{10}} \; , \tag{57}$$

$$R_{12} = R_{10} + R_{20} + \frac{R_{10} \cdot R_{20}}{R_{30}} = \frac{R_{10}\,R_{20} + R_{20}\,R_{30} + R_{10}\,R_{30}}{R_{30}} \; . \tag{58}$$

Die Regel lautet:

$$\text{Dreieckswiderstand} = \frac{\text{Produkt der Anliegerwiderstände}}{\text{gegenüberliegender Widerstand}} + \text{Anliegerwiderstände.}$$

Satz 12 *Jeder* **n***-strahlige Stern kann in ein gleichwertiges* **n***-Eck umgewandelt werden. Die umgekehrte Umwandlung von einem Dreieck in einen Stern ist nur für* **n=3** *möglich.*

Es ist manchmal günstig, mit den Leitwerten zu arbeiten. Dann ergibt sich z. B. aus Gleichung (58):

$$\frac{1}{G_{12}} = G_{30}\left(\frac{1}{G_{10}\cdot G_{20}} + \frac{1}{G_{20}\cdot G_{30}} + \frac{1}{G_{10}\cdot G_{30}}\right) = \frac{G_{10}+G_{20}+G_{30}}{G_{10}\cdot G_{20}}\,, \tag{59}$$

und schließlich durch Umstellung der Gleichungen nach den gesuchten drei Dreiecksleitwerte:

$$G_{12} = \frac{G_{10}\cdot G_{20}}{G_{10}+G_{20}+G_{30}} \tag{60}$$

$$G_{13} = \frac{G_{10}\cdot G_{30}}{G_{10}+G_{20}+G_{30}} \tag{61}$$

$$G_{23} = \frac{G_{20}\cdot G_{30}}{G_{10}+G_{20}+G_{30}} \tag{62}$$

Die Regel lautet dann:

$$\text{Dreiecksleitwert} = \frac{\text{Produkt der Anliegerleitwerte}}{\text{Knotenleitwert}}\,.$$

Ein Vergleich zwischen den Gleichungen (60)–(62) und (52)–(54) zeigt, daß die Zweigwiderstände der Sternschaltung sich wie die Zweigleitwerte der Dreieckschaltung verhalten. Stern– und Dreieckschaltung zeigen ein **duales** Verhalten: es sind lediglich G und R gegeneinander vertauscht.

Satz 13 *In allen Formel–Gruppen (52)–(54), (56)–(58) oder (60)–(62) kann man aus einer Formel die anderen zwei durch zyklische Vertauschung der Indizes 1, 2, 3 herleiten.*

Satz 14 *Bei der Umwandlung eines Dreiecks in einen Stern erscheint ein neuer Knoten, umgekehrt verschwindet bei der Umwandlung eines Sterns in ein Dreieck der mittlere Knoten.*

Beispiel:

Acht gleiche Widerstände sind wie auf dem folgenden Bild geschaltet.

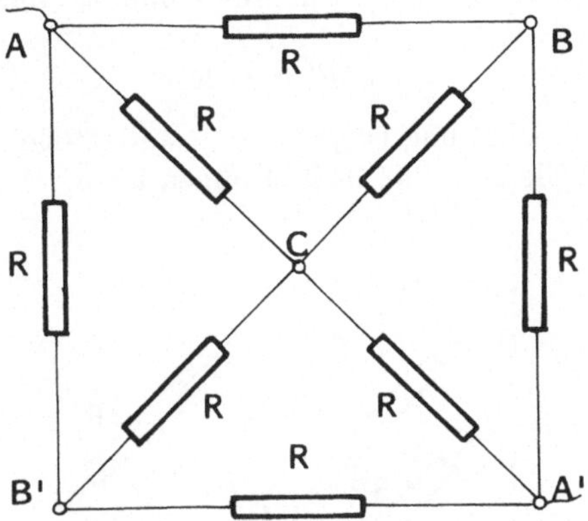

Es soll der Widerstand zwischen zwei diagonal gegenüberliegenden Klemmen (z.B. $A - A'$) bestimmt werden.

Zunächst benutzen wir eine Stern–Dreieck–Transformation. Die Punkte A und A' dürfen nicht verschwinden, also verwandelt man die Sterne mit den Mittelpunkten B, B' in Dreiecke.

Das folgende Bild zeigt die Umwandlung des oberen Sterns.

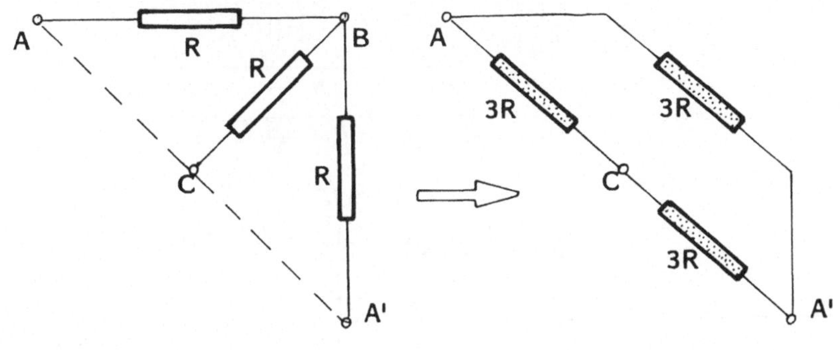

Fortsetzung des Beispiels:

Zwischen A, bzw. A' und C bleiben die Widerstände R. Die Ecken der neuen Dreiecke sind A, C und A'; die Punkte B und B' verschwinden. Die neuen Widerstände sind:

$$R' = 3 \cdot R\ .$$

Die umgewandelte Schaltung ist jetzt so gestaltet (siehe folgendes Bild), daß man den Gesamtwiderstand leicht bestimmen kann.

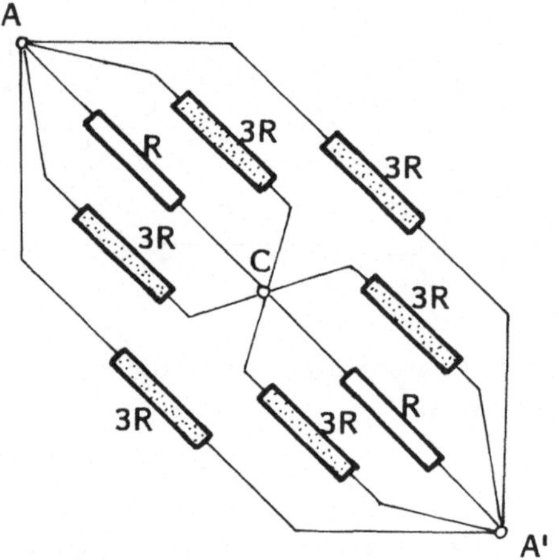

Der gesuchte Widerstand $R_{A\,A'}$ wird dann

$$\begin{aligned} R_{A\,A'} &= R'||R'||\,(R'||R'||R + R'||R'||R) \\ &= \frac{3\,R}{2}||\underbrace{\left(\frac{3\,R}{2}||R + \frac{3\,R}{2}||R\right)}_{\displaystyle =\frac{\frac{3\,R}{2}\cdot R}{R+\frac{3\,R}{2}} + \frac{\frac{3\,R}{2}\cdot R}{R+\frac{3\,R}{2}} = \frac{6\,R}{5}} \\ &= \frac{3\,R}{2}||\frac{6\,R}{5} = \frac{\frac{3\,R}{2}\cdot\frac{6\,R}{5}}{\frac{3\,R}{2}+\frac{6\,R}{5}} = \frac{18\cdot R}{27} = \frac{2}{3}\cdot R\ . \end{aligned}$$

Untersucht man dieses komplizierte Beispiel auf Symmetrie, so kommt man zu einer wesentlich einfacheren Lösung. Diese Lösung ist nachfolgend durchgerechnet.

Beispiel:

Der Gesamtwiderstand zwischen diagonal gegenüberliegenden Klemmen soll jetzt ausgehend von einer Symmetriebetrachtung bestimmt werden.

Wegen der Symmetrie der Schaltung haben alle drei Punkte B, B' und C dasselbe Potential. Haben die Punkte A und A' die Potentiale $+\varphi$ und $-\varphi$, so liegen B, B' und C bei $\varphi = 0$, denn sie liegen in der Mitte zwischen A und A'. Somit können sie kurzgeschlossen werden (siehe folgendes Bild links).

Die Umwandlung sieht dann wie auf dem Bild rechts aus.

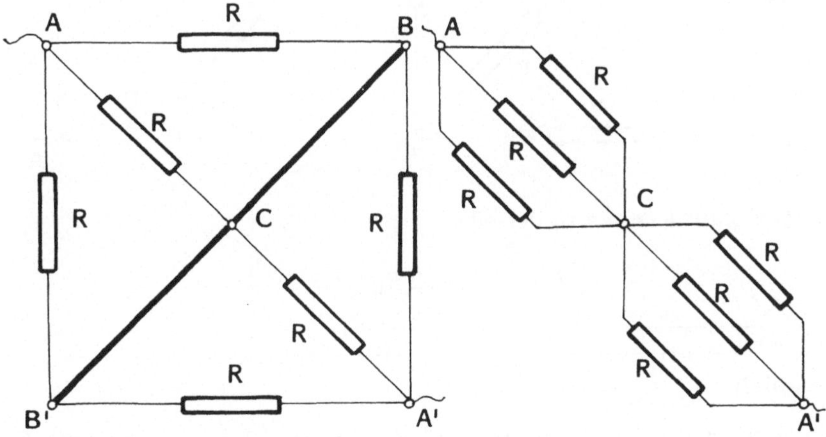

Der Gesamtwiderstand ergibt sich als:

$$R_{A\,A'} = 2 \cdot (R||R||R) = 2 \cdot \frac{R}{3}$$

Wenn die Punkte B, B' und C daselbe Potential haben, dann wird zwischen ihnen kein Strom fließen, egal welchen Widerstand man zwischen ihnen schaltet.

Die Punkte B bzw. B' können dann auch von C getrennt werden ($R = \infty$)!

Fortsetzung des Beispiels:

Es ergibt sich die folgende Schaltung:

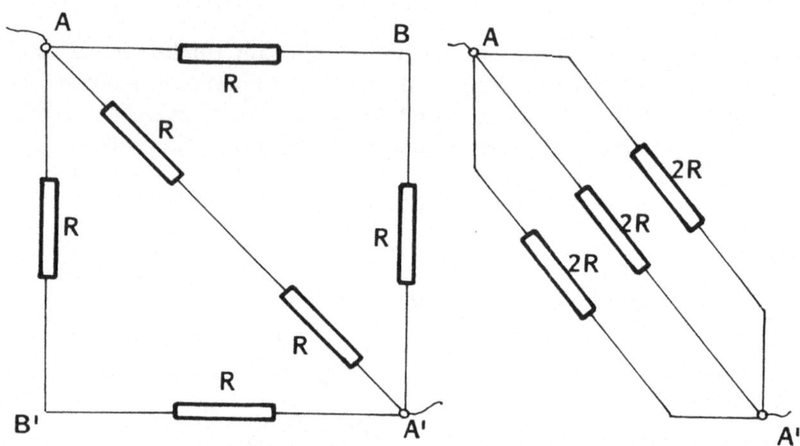

Der Gesamtwiderstand ist derselbe:

$$R_{A\,A'} = 2\,R||2\,R||2\,R = 2 \cdot \frac{R}{3}$$

Beispiel:

Wie groß ist der Eingangswiderstand R_{AB} in der folgenden Schaltung (siehe Bild nächste Seite, oben)?

Diese Frage wurde bereits auf den Seiten 45 und 46 für eine ähnliche Schaltung (dort war zwischen den Punkten A' und B' ein Widerstand $2R$ geschaltet) beantwortet.
Der Gesamtwiderstand R_{AB} wurde durch Umwandlung der äußeren Dreiecke in Sterne behandelt.

Eine andere Möglichkeit ist, das große mittlere Dreieck $A'CB'$ in einen Stern umzuwandeln (siehe Bild nächste Seite).
Wenn alle Dreieckswiderstände gleich R sind, werden die umgewandelten Sternwiderstände

$$\frac{R}{3} \,.$$

Fortsetzung des Beispiels:

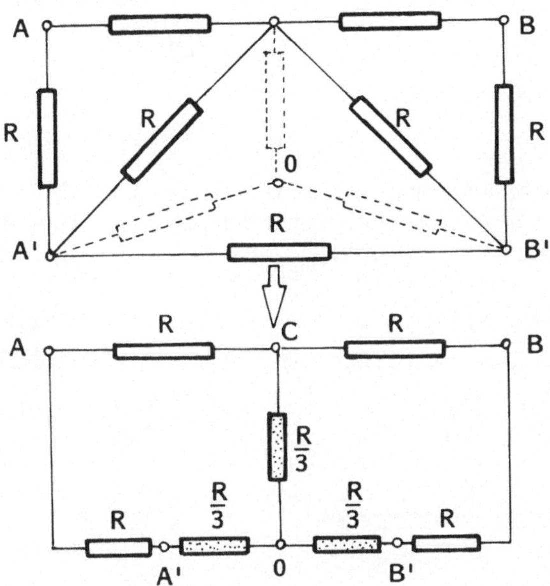

Man erkennt leicht, daß die Idee nicht sehr gut war, denn man kann immer noch nicht den Gesamtwiderstand R_{AB} direkt schreiben, außer man merkt, daß die Punkte C und 0 potential**gleich** sind!

In diesem Falle kann man z.B. die Punkte C und 0 **kurz**schließen (Bild unten, links).

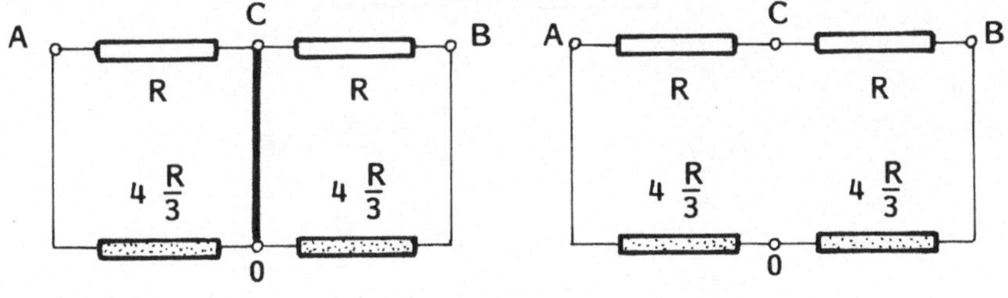

Dann ist:

$$R_{AB} = 2(R \| 4\frac{R}{3})$$

$$R_{AB} = 2\frac{4}{7}R = \frac{8}{7}R$$

Fortsetzung des Beispiels:
Man kann die Punkte C und 0 auch **trennen** (voriges Bild, rechts). Dann ist:

$$R_{AB} = 2R \| (2 \cdot 4\frac{R}{3})$$

$$R_{AB} = \frac{16}{14}R = \frac{8}{7}R$$

Wenn man die Symmetrie nicht benutzt, so kann man z.B. den Stern mit dem Mittelpunkt in C in ein Dreieck umwandeln. Das neue Dreieck hat die Ecken: A, B, 0. Der Punkt C verschwindet (siehe nächstes Bild, rechts oben).

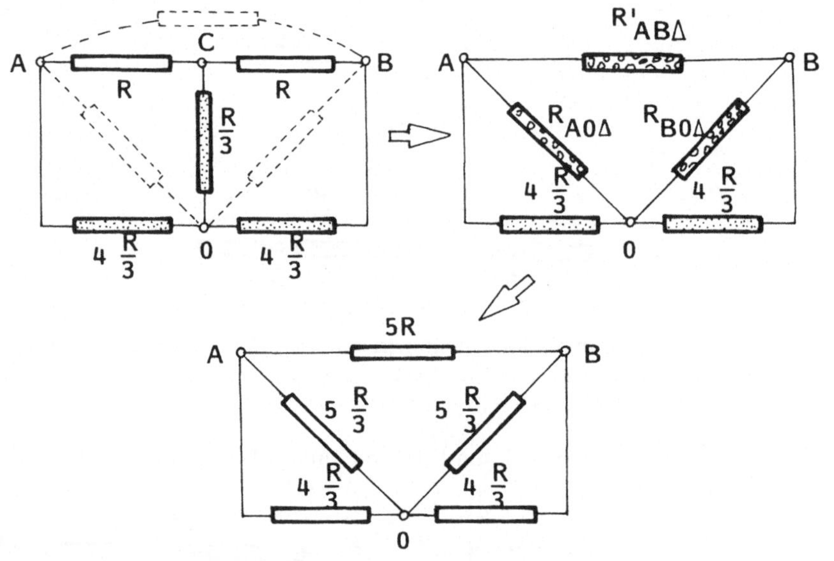

Es ist:

$$R'_{AB\triangle} = R + R + \frac{R \cdot R}{\frac{R}{3}} = 5R$$

$$R_{A0\triangle} = R + \frac{R}{3} + \frac{R \cdot \frac{R}{3}}{R} = 5\frac{R}{3}$$

$$R_{B0\triangle} = R_{A0\triangle} \quad \text{(Symmetrie)}$$

$$R_{AB} = 5R \| \left[2\left(5\frac{R}{3} \| 4\frac{R}{3}\right)\right]$$

$$R_{AB} = 5R \| \frac{40}{27}R = \frac{8}{7}R.$$

4 Lineare Zweipole

Zweipole sind elektrische Schaltungen mit **zwei** Anschlüssen (Klemmen). So ist z.B. ein einzelner ohmscher Widerstand mit seinen zwei Anschlüssen ein Zweipol, genauso wie eine Reihenschaltung mehrerer Widerstände.

Jeder Zweipol ist durch eine Größe gekennzeichnet, seinen Widerstand R, der das Verhältnis zwischen Spannung und Strom an den zwei Anschlußpunkten bestimmt. Er kann im übrigen außer ohmschen Widerständen auch andere Verbraucher (Spulen, Dioden, usw.) und Spannungsquellen enthalten.

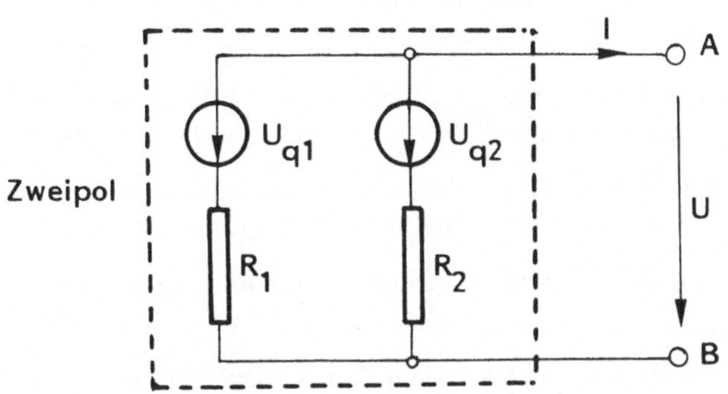

Abbildung 22: Aktiver Zweipol

Die Abbildung 22 zeigt einen Zweipol aus zwei Spannungsquellen und zwei Widerständen, der an den Klemmen A und B zugänglich ist. Meßbar sind nur die Klemmenspannung U und der Strom I.
Gehorcht ein Zweipol dem Ohmschen Gesetz, ist also $U = R \cdot I$ eine **lineare** Beziehung, so ist er ein „linearer Zweipol". Im allgemeinen Fall ist $U = f(I)$ eine beliebige nichtlineare Kennlinie.

Definition 6 *Nimmt ein Zweipol elektrische Energie auf, so wird er* **passiver** *Zweipol genannt; gibt er elektrische Energie ab, so ist er ein* **aktiver** *Zweipol.*

Definition 7 *Ein* **aktiver** *Zweipol enthält* **mindestens eine** *Quelle.*

4.1 Zählpfeile für Spannung und Strom

Die Zählrichtungen für Strom und Spannung können an jedem Zweipol unabhängig voneinander gewählt werden. Wir werden immer die in Abbildung 23 dargestellten Zählrichtungen benutzen, das sogenannte

Verbraucher–Zählpfeil–System (VZS).

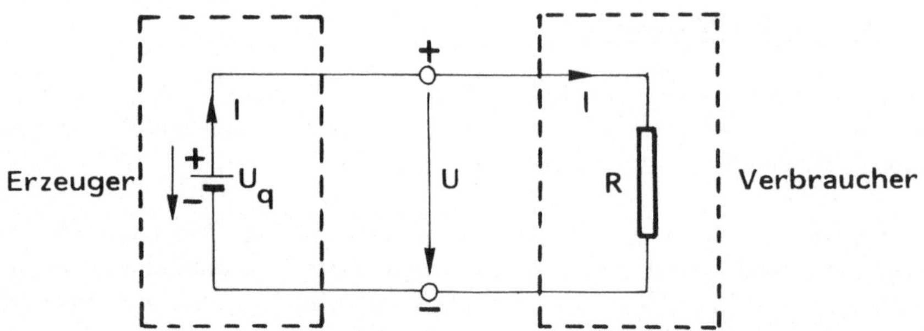

Abbildung 23: Zählrichtungen für Strom und Spannung beim Verbraucher–Zählpfeil–System

Wenn eine Batterie Leistung abgibt, fließt aus der Plusklemme ein Strom heraus (nur wenn sie aufgeladen wird, fließt ein Strom in die Plusklemme hinein).

Definition 8 *Im Normalfall der Leistungsabgabe sind in jedem elektrischen Generator der Strom und die Spannung einander entgegengerichtet.*

Definition 9 *In jedem Verbraucher haben die Spannung und der Strom dieselbe Richtung.*

Diese Wahl der Zählpfeile, bei der U und I im Verbraucher dem Ohmschen Gesetz

$$U = R \cdot I$$

gehorchen, heißt Verbraucher–Zählpfeil–System.

Im Verbraucher–Zählpfeil–System gilt also:

- Im Generator (Erzeuger, Quelle) sind Strom und Spannung einander entgegengerichtet.
- Im Verbraucher haben U und I die gleiche Richtung (Ohmsches Gesetz: $U = R \cdot I$).
- $P = U \cdot I > 0$ bedeutet Leistungsaufnahme.
- $P = U \cdot I < 0$ bedeutet Leistungsabgabe.

Denkbar wäre auch eine Wahl der Zählpfeile für U und I, bei der sie beim Generator die gleichen Richtungen hätten, dagegen beim Verbraucher entgegengesetzte Richtungen, so daß das Ohmsche Gesetz

$$U = -R \cdot I$$

lauten würde.
Dieses „Erzeuger–Zählpfeil–System“ werden wir jedoch nicht berücksichtigen.

4.2 Spannungsquellen und Stromquellen

4.2.1 Spannungsquellen

Alle chemischen Spannungquellen[13] erzeugen Gleichspannung; heute sind die wichtigsten technischen Spannungsquellen jedoch die Drehstrom–Generatoren. Um Gleichspannung zu erzeugen, bedürfen sie Gleichrichter.

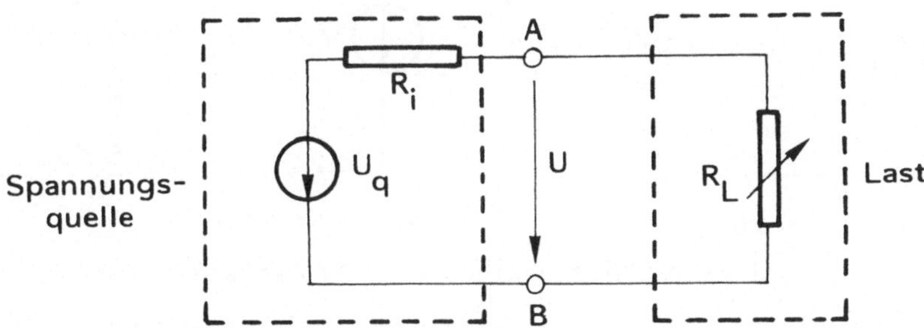

Abbildung 24: Spannungsquelle mit veränderbarem Lastwiderstand

Eine mit einem veränderbaren Widerstand „belastete" Spannungsquelle und die entsprechenden Zählpfeile sind in Abbildung 24 dargestellt. R_i ist der „innere Widerstand" der Quelle (Wicklungswiderstand bei elektrischen Maschinen oder Widerstand der Elektrolyte). U_q und R_i sind **fiktive** Größen.
Drei gebräuchliche Darstellungen von Spannungsquellen sind auf Abbildung 25 gezeigt.

Abbildung 25: Darstellungen von Spannungsquellen

Eine Quelle kann verschieden belastet werden, indem sie mit verschiedenen Belastungswiderständen R_L zusammen geschaltet wird.

[13]Solche Spannungsquellen sind z.B. Trockenbatterien, Blei–Akkumulatoren, etc.

Man betrachtet zwei Grenzfälle der Belastung:

- Leerlauf ($R_L = \infty$)
- Kurzschluß ($R_L = 0$).

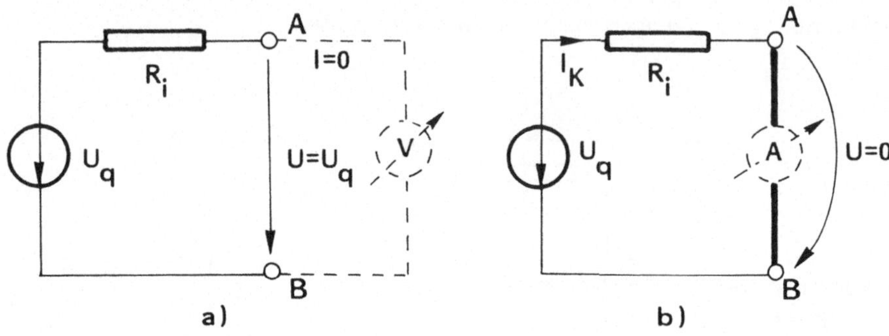

Abbildung 26: a) Leerlauf b) Kurzschluß

Im Leerlauf, also bei $R_L = \infty$ und $I = 0$, zeigt die Quelle die **Leerlaufspannung** $\boldsymbol{U_q}$; im Kurzschluß (bei $R_L = 0$) ergibt sich der **Kurzschlußstrom** der Quelle:

$$I_K = \frac{U_q}{R_i} .$$

U_q und I_K können durch zwei Versuche gemessen werden (siehe Abbildung 26), wobei bei der Messung nach a) der Spannungsmesser einen Widerstand $R \cong \infty$ und bei der Messung nach b) der Strommesser einen Widerstand $R \cong 0$ aufweisen soll.

Falls der Kurzschlußversuch zu einem unzulässig hohen Strom I_K führen sollte, kann man zur Bestimmung von U_q und R_i zwei andere Versuche, mit zwei beliebigen Werten des Belastungswiderstandes R, durchführen. Es gilt dann:

$$U_1 = U_q - R_i \cdot I_1$$

$$U_2 = U_q - R_i \cdot I_2 .$$

Aus diesen zwei Gleichungen kann man U_q und R_i bestimmen:

$$R_i = \frac{U_2 - U_1}{I_1 - I_2} \tag{63}$$

$$U_q = \frac{U_1 \cdot I_2 - U_2 \cdot I_1}{I_2 - I_1} \tag{64}$$

Beispiel:

An einer Spannungsquelle werden bei dem Strom $I_1 = 4\,A$ die Spannung $U_1 = 200\,V$ und bei dem Strom $I_2 = 5\,A$ die Spannung $U_2 = 195\,V$ gemessen.
Wie groß sind die Quellenspannung U_q und deren Innenwiderstand R_i ?

Es gelten die Gleichungen:

$$U_1 = U_q - R_i \cdot I_1$$

$$U_2 = U_q - R_i \cdot I_2 \ .$$

Durch Subtraktion ergibt sich:

$$R_i = \frac{U_1 - U_2}{I_2 - I_1} = \frac{(200 - 195)\,V}{(5 - 4)\,A} = 5\,\Omega$$

$$U_q = U_1 + R_i \cdot I_1 = 200\,V + 5\,\Omega \cdot 4\,A = 220\,V$$

Beispiel:

Wenn man an eine Gleichspannungsquelle nacheinander die Widerstände $R_1 = 10\,\Omega$ und $R_2 = 6\,\Omega$ anschließt, so verändert sich die Klemmenspannung $U_1 = 10\,V$ zu $U_2 = 9\,V$.
Bestimmen Sie die Quellenspannung und den Innenwiderstand der Quelle.

Zur Bestimmung der zwei unbekannten Größen U_q und R_i braucht man zwei Gleichungen. Diese erlangt man, indem man die Spannung an der Last zweimal schreibt.

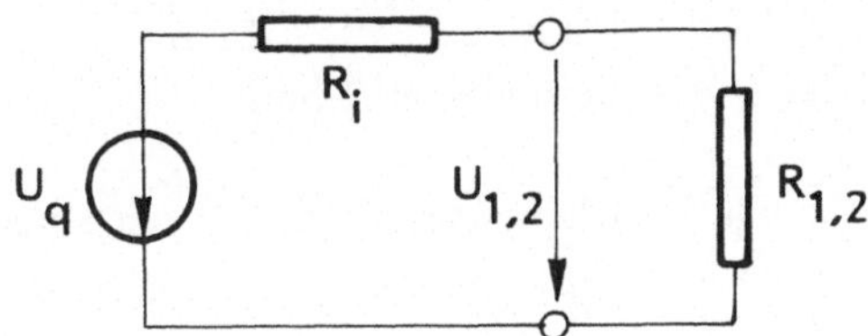

Fortsetzung des Beispiels:

Es handelt sich hier um einen Spannungsteiler.
Man kann die Spannungsteilerregel zweimal anwenden, für die zwei Lastwiderstände R_1 und R_2.

$$U_1 = U_q \cdot \frac{R_1}{R_1 + R_i},$$

$$U_2 = U_q \cdot \frac{R_2}{R_i + R_2}$$

$$\frac{U_1 \cdot (R_1 + R_i)}{R_1} = \frac{U_2 \cdot (R_2 + R_i)}{R_2}$$

$$\Longrightarrow R_i = \frac{U_1 \cdot R_1 \cdot R_2 - U_2 \cdot R_1 \cdot R_1}{U_2 \cdot R_1 - U_1 \cdot R_2}$$

$$R_i = \frac{U_1 - U_2}{\frac{U_2}{R_2} - \frac{U_1}{R_1}} = \frac{10\,V - 9\,V}{\left(\frac{9}{6} - \frac{10}{10}\right) A} = \frac{1\,V}{\left(\frac{3}{2} - 1\right) A} = 2\,\Omega$$

$$U_q = \frac{U_1 \cdot (R_i + R_1)}{R_1} = \frac{10\,V \cdot 12\,\Omega}{10\,\Omega} = 12\,V$$

Als Ersatzschaltbild einer Spannungsquelle gilt eine Quellenspannung U_q in Reihe mit dem Innenwiderstand R_i.

U_q und R_i sind unabhängig von der Last:

- $U_q = const.$
- $R_i = const.$

Dann ist die Beziehung:

$$\boxed{U = U_q - R_i \cdot I} \qquad (65)$$

eine Gerade und die Spannungsquelle ist **linear**.

Die Abbildung 27 stellt die Klemmenspannung U einer linearen Spannungsquelle als Funktion des Belastungsstroms I dar.

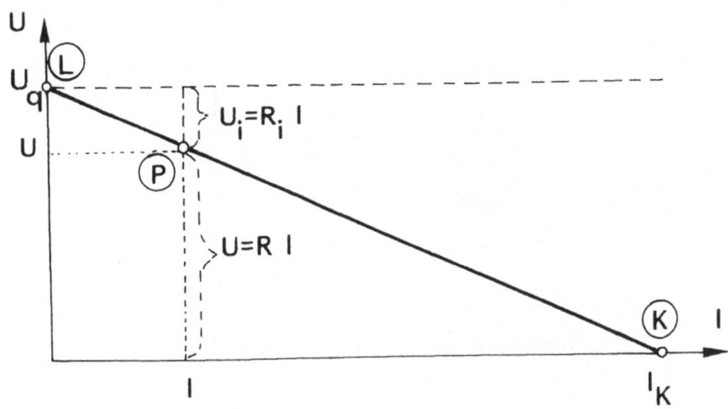

Abbildung 27: Quellengerade einer Spannungsquelle

Bei $I = 0$ (Leerlauf) gibt die Quelle die maximale Spannung U_q ab. Im Kurzschlußfall ($U = 0$) erzeugt sie den maximalen Strom I_K. Der innere Widerstand R_i begrenzt den Kurzschlußstrom $\left(I_K = \frac{U_q}{R_i}\right)$. Eine Spannungsquelle sollte einen möglichst **kleinen** Innenwiderstand haben, im Idealfall $R_i = 0$.

4.2.2 Stromquellen

Bisher haben wir eine Quelle elektrischer Energie durch die Ersatzschaltung einer Spannungsquelle, die im Leerlauf unmittelbar die Leerlaufspannung U_l als Quellenspannung U_q erzeugt, verwirklicht. U_q ist konstant, d.h. unabhängig von der Last ($U_q = R_i \cdot I_K$). Es gilt:

$$U = R_i \cdot I_K - R_i \cdot I \qquad \text{und} \qquad I = I_K - \frac{U}{R_i} \; .$$

Daraus folgt für den Strom:

$$I = I_K - I_i \; . \tag{66}$$

Man kann jetzt von dieser Gleichung ausgehen und eine Ersatzschaltung für eine Quelle angeben, die bei Kurzschluß der Klemmen den **Kurzschlußstrom I_K als Quellenstrom I_q** liefert.
Auch diese Schaltung wird einen Innenwiderstand R_i aufweisen, jedoch nicht mehr in Reihe zur idealen Stromquelle, denn dort wäre er unwirksam. Da die ideale Stromquelle einen **konstanten** Quellenstrom I_K abgibt, der unabhängig von der Last ist, muß sie einen unendlich großen Widerstand aufweisen. [14]

[14]Dies hebt man hervor, indem man den Kreis des Schaltzeichens für die ideale Stromquelle an zwei Stellen unterbricht

Drei gebräuchliche Darstellungen für Stromquellen zeigt die Abbildung 28.

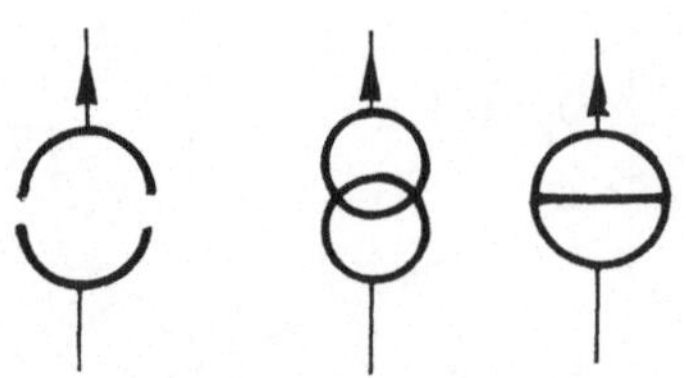

Abbildung 28: Darstellungen von Stromquellen

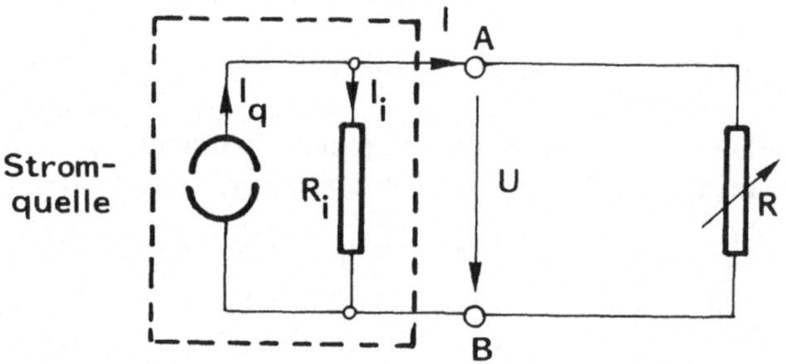

Abbildung 29: Stromquelle mit veränderlichem Lastwiderstand

Nach dem 1. Kirchhoffschen Gesetz ergibt sich:

$$I_q = I_i + I = G_i \cdot U + G \cdot U = U \cdot (G_i + G)$$

$$U = \frac{I_q}{G_i + G} \ .$$

Der Verbraucherstrom I wird danach:

$$I = G \cdot U = I_q \cdot \frac{G}{G_i + G}$$

$$\boxed{I = I_q - G_i \cdot U} \tag{67}$$

(analog wie Gleichung (65)).

Die Abbildung 30 zeigt die Abhängigkeit $I = f(U)$, wenn I_q und G_i **konstant** sind.

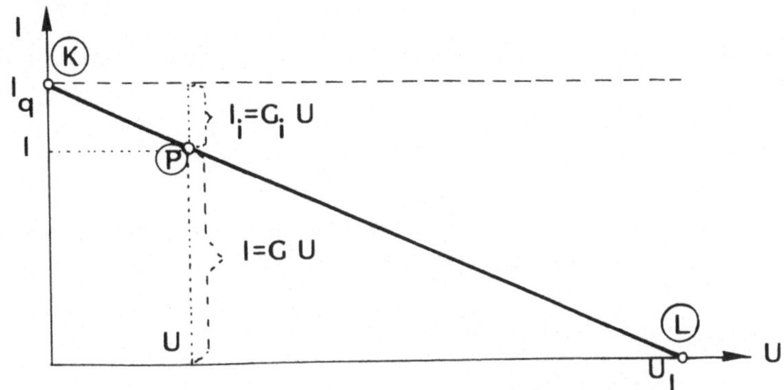

Abbildung 30: Quellengerade einer Stromquelle

Bei Kurzschluß ($U = 0$) ist $I_K = I_q$, im Leerlauf ($I = 0$) ist $U = U_l$.
Der innere Leitwert der Quelle ist:

$$G_i = \frac{I_K}{U_l} \Longrightarrow R_i = \frac{U_l}{I_K} .$$

Satz 15 *Der Innenwiderstand der Stromquelle ist genau derselbe wie der Innenwiderstand der Spannungsquelle (aber parallel geschaltet).*

Schlußfolgerung:

Wenn eine Quelle die Leerlaufspannung U_l, den Kurzschlußstrom I_K und den Innenwiderstand R_i aufweist, so kann man sie sowohl als Spannungsquelle mit $U_q = U_l$, als auch als Stromquelle mit $I_q = I_K$ auffassen. In beiden Schaltungen ist R_i derselbe, einmal in Reihe und einmal parallel geschaltet. Beide Schaltungen verhalten sich nach außen völlig gleich. Sie sind äquivalent.

4.2.3 Innenwiderstand

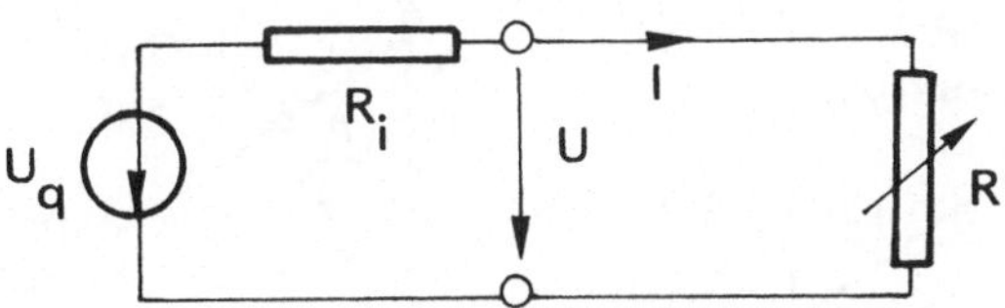

Abbildung 31: Spannungsquelle mit Innenwiderstand R_i und variablem Lastwiderstand R

Wir wollen noch einmal betrachten, wie das Verhältnis zwischen dem Innenwiderstand R_i und dem Lastwiderstand R sein muß, damit eine Quelle eine nahezu konstante Spannung oder einen nahezu konstanten Strom abgibt.

Die Bedingung $U \approx const.$ liefert folgende Beziehung (siehe Abbildung 31):

$$U = R \cdot I = R \cdot \frac{U_q}{R_i + R} = \frac{U_q}{1 + \frac{R_i}{R}} \; .$$

Damit $U \approx U_q = const.$ ist, muß $\frac{R_i}{R} \to 0$ sein: eine Quelle konstanter Spannung muß $R_i \ll R$ erfüllen, im Idealfall $R_i = 0$.

Mit der Bedingung $I \approx const.$ folgt:

$$I = \frac{U_q}{R_i + R} = \frac{U_q}{R_i} \cdot \frac{1}{1 + \frac{R}{R_i}} = I_K \cdot \frac{1}{1 + \frac{R}{R_i}} \; .$$

Damit $I \approx I_K = const.$ ist, muß $\frac{R}{R_i} \to 0$ sein: die Quelle mit konstantem Strom muß $R_i \gg R$ erfüllen, im Idealfall $R_i = \infty$.

4.2.4 Kennlinienfelder

Betrachten wir noch einmal die Schaltung mit einer Spannungsquelle (Abbildung 31): Der linke Zweipol ist „aktiv“, der rechte ist „passiv“.
Hier ist die Klemmenspannung U sowohl die Klemmenspannung der Quelle als auch die des Verbrauchers. Der Strom I und die Spannung U müssen beiden Gleichungen genügen.
Zeichnet man die Zusammenhänge $U = f(I)$ an der Quelle und $U = R \cdot I$ am Verbraucher in ein Diagramm ein, so ergibt der Schnittpunkt der beiden Geraden den **„Arbeitspunkt“** der Schaltung (siehe Abildung 32 links).

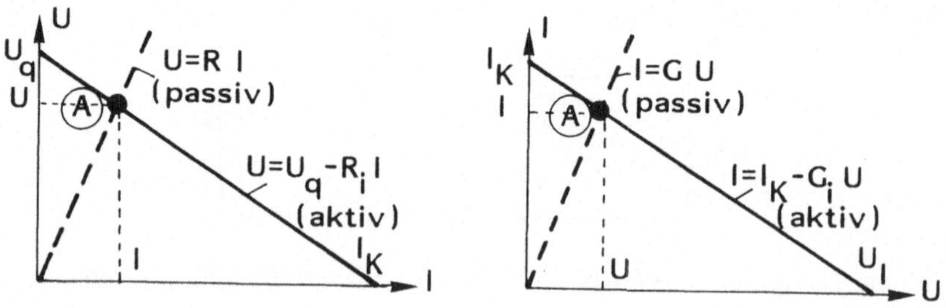

Abbildung 32: Arbeitspunkte einer Spannungsquelle (links) und einer Stromquelle (rechts)

Ähnlich bestimmt man den Arbeitspunkt einer Stromquelle, jedoch in dem Diagramm $U - I$ (Abbildung 32 rechts).

Ändern sich die Parameter U_q, R_i oder R, so ergeben sich „Kennlinienfelder“ (Abbildung 33).

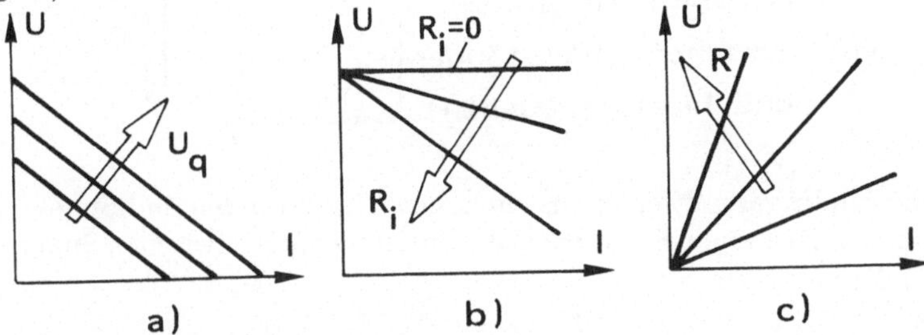

Abbildung 33: Einfluß der Quellenspannung U_q (a), des Innenwiderstandes R_i (b) und des Lastwiderstandes R (c)

a) Die Neigung der Geraden ist von dem Innenwiderstand R_i bestimmt, sie ändert sich also nicht. Dagegen ändert sich der Kurzschlußstrom I_K.
b) Bei $R_i = 0$ bleibt die Spannung konstant (ideale Spannungsquelle). Wenn R_i steigt, fallen die Quellengeraden steiler ab.
c) Wenn der Lastwiderstand R größer wird, werden die Lastgeraden steiler.

Bei **nicht**-linearen Quellen (z.B. Halbleiterelemente) oder Verbrauchern (z.B. Heiß- oder Kaltleiter) ergibt sich der Arbeitspunkt **graphisch** als Schnittpunkt der beiden Kennlinien. Auf Abbildung 34 ist der Arbeitspunkt eines Gleichstrom-Nebenschlußgenerators, der einen Heißleiter speist, dargestellt.

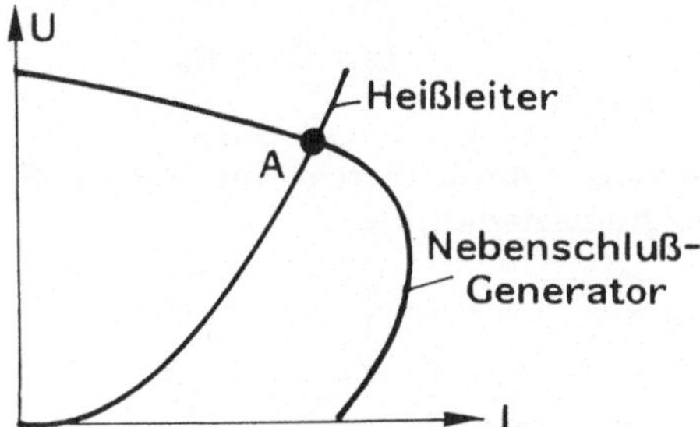

Abbildung 34: Bestimmung des Arbeitspunktes bei einer nichtlinearen Quelle (Nebenschlußgenerator) und einem nichtlinearen Verbraucher (Heißleiter)

4.3 Aktive Ersatz–Zweipole

4.3.1 Ersatzspannungsquelle

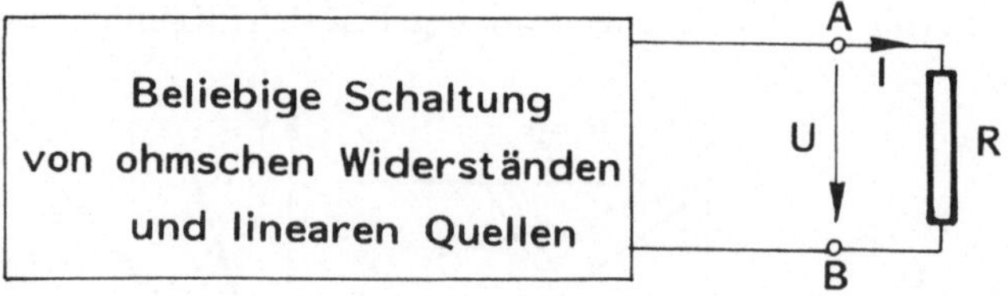

Jeder beliebige **lineare** Zweipol aus ohmschen Widerständen und Spannungsquellen muß an den Klemmen einen **linearen** Zusammenhang zwischen Spannung und Strom der Form

$$U = K_1 - K_2 \cdot I \tag{68}$$

aufweisen.
Die beiden Konstanten können durch einen Leerlaufversuch ($I = 0$, $U = U_l$)

$$K_1 = U_l$$

und durch einen Kurzschlußversuch ($U = 0$, $I = I_K$)

$$K_2 = \frac{K_1}{I_K} = \frac{U_l}{I_K}$$

bestimmt werden.
Der Zusammenhang zwischen Strom und Spannung $\big(U = f(I)\big)$ wird:

$$U = U_l - \frac{U_l}{I_K} \cdot I \tag{69}$$

Vergleicht man (69) mit mit der Spannungsgleichung einer Spannungsquelle:

$$U = U_q - R_i \cdot I$$

so ergibt sich:
jeder lineare Zweipol kann durch eine Ersatz–Spannungsquelle ersetzt werden, deren Quellenspannung

$$\boxed{U_q = U_l} \tag{70}$$

und deren Innenwiderstand

$$\boxed{R_i = \frac{U_l}{I_K}} \tag{71}$$

ist. Wie der Zweipol im Inneren[15] aussieht, spielt dabei keine Rolle.

[15] im Inneren bedeutet: links von den Klemmen

Satz 16 *Zweipol und Ersatz–Spannungsquelle verhalten sich nach außen identisch. Die Beziehung $U = f(I)$ ist dieselbe.*

Beispiel:

Für den nebenstehenden linearen Zweipol (Spannungsteiler) sollen die Parameter der Ersatzspannungsquelle bestimmt werden.

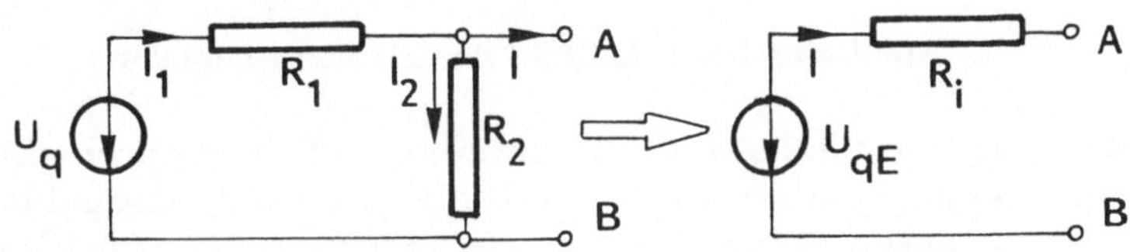

Bei Leerlauf fließt durch R_2 der Strom

$$I_2 = \frac{U_q}{R_1 + R_2}$$

und somit ist

$$U_l = R_2 \cdot I_2 = \frac{R_2 \cdot U_q}{R_1 + R_2} \ .$$

Beim Kurzschluß ist

$$I_K = \frac{U_q}{R_1} \ ,$$

woraus sich für den Innenwiderstand

$$R_i = \frac{U_l}{I_K} = \frac{R_1 \cdot R_2}{R_1 + R_2}$$

ergibt.
Die gesuchte Ersatzschaltung besteht also aus einer **neuen** Quelle, mit der Quellenspannung U_l und dem Innenwiderstand R_i. Diese Quelle ist **fiktiv**. Ihre Parameter unterscheiden sich immer von den Parametern der tatsächlich in der Schaltung auftretenden Quellen.

Bemerkung:
R_i kann als Parallelschaltung von R_1 und R_2 aufgefaßt werden. Zu diesem Ergebnis kommt man auch, wenn man

- die Quelle U_q kurzschließt ($U_q = 0$),
- den gesuchten Widerstand bestimmt, der sich von den Klemmen A und B aus (in die Schaltung hinein) ergibt.

4.3.2 Ersatzstromquelle

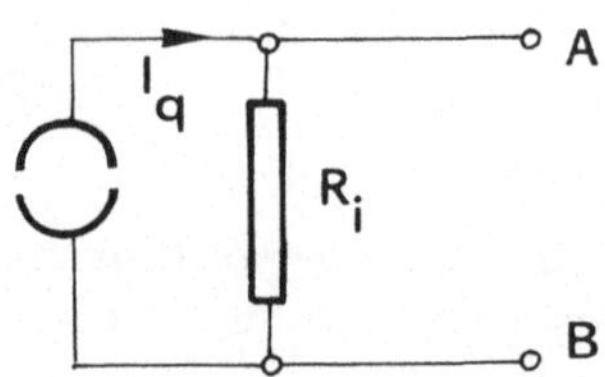

Abbildung 35: Schaltbild der Ersatzstromquelle

Rein formal kann man **jeden linearen Zweipol nicht nur durch eine Ersatzspannungsquelle, sondern auch durch eine Ersatzstromquelle ersetzen**, die einen **konstanten** Strom I_q, der im Kurzschluß als Kurzschlußstrom I_K an den Klemmen auftritt, liefert. Die Abbildung 35 zeigt das Schaltbild dieser Ersatzstromquelle. Der Innenwiderstand R_i erscheint parallel zur Stromquelle. Er soll sehr **groß** sein, im Idealfall $R_i = \infty$.
Stromquellen werden durch elektronische Schaltungen erzeugt. Sind $I_q = I_K = const.$ und $R_i = const.$, so hat man eine lineare Stromquelle.

Satz 17 *Bei Ersatzstromquellen arbeitet man einfacher mit Leitwerten G.*

Beispiel:

Für den Spannungsteiler aus dem letzten Beispiel sollte man auch die Parameter I_q und R_i der Ersatzstromquelle bestimmen.
I_q ist der Kurzschlußstrom:

$$I_q = I_K = \frac{U_q}{R_1}$$

Der Innenwiderstand ist derselbe:

$$R_i = \frac{R_1 \cdot R_2}{R_1 + R_2}$$

Man kann überprüfen, daß

$$I_K = \frac{U_l}{R_i}$$

ist.

4.3.3 Vergleich zwischen Ersatzspannungs– und Ersatzstromquelle

Tabelle 3: Gegenüberstellung von Ersatzspannungs– und Ersatzstromquelle

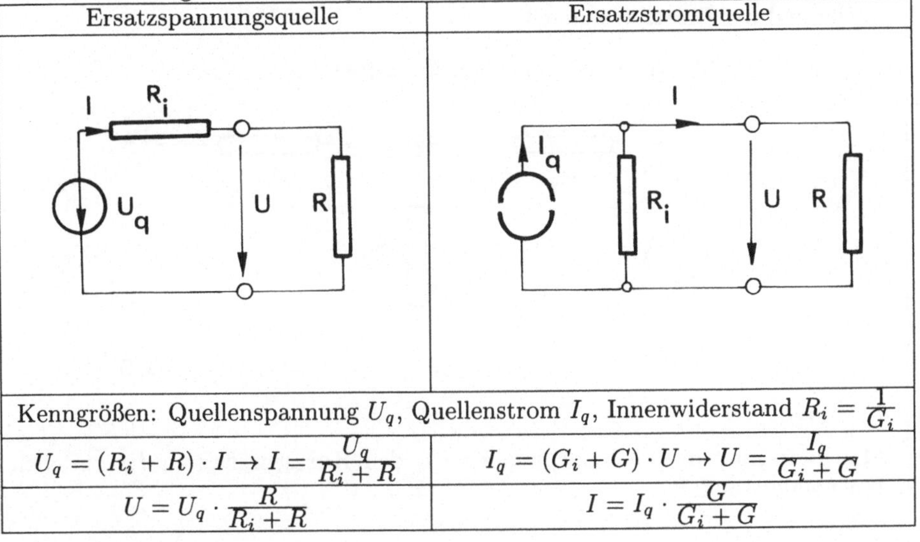

Ersatzspannungsquelle	Ersatzstromquelle
Kenngrößen: Quellenspannung U_q, Quellenstrom I_q, Innenwiderstand $R_i = \frac{1}{G_i}$	
$U_q = (R_i + R) \cdot I \rightarrow I = \frac{U_q}{R_i + R}$	$I_q = (G_i + G) \cdot U \rightarrow U = \frac{I_q}{G_i + G}$
$U = U_q \cdot \frac{R}{R_i + R}$	$I = I_q \cdot \frac{G}{G_i + G}$

Zusammenfassend kann man die in Tabelle 3 wiedergegebenen Zusammenhänge für Ersatzspannungsquelle und Ersatzstromquelle festhalten.

Satz 18 *Strom– und Spannungsquelle verhalten sich* **dual**, *d.h. alle Gleichungen der zweiten ergeben sich aus den ersten, wenn man U und I sowie R und G gegeneinander vertauscht.*

Bemerkung:
Ersatzspannungsquellen bevorzugt man dann, wenn $R \gg R_i$ ist, also bei

- Batterien
- Akkus
- Gleichstromnetzen, die einen relativ kleinen Innenwiderstand haben.

Ersatzstromquellen bevorzugt man hingegen dann, wenn es sich um Schaltungen handelt, bei denen $R_i \gg R$ ist, also z.B. bei Röhren– und Transistorschaltungen in der Informationstechnik.

Beispiel:

Bestimmen Sie für die folgende Schaltung die Parameter der Ersatzspannungsquelle und der Ersatzstromquelle.

Es gilt: $U_q = 10V$, $R_1 = 5\Omega$, $R_2 = 5\Omega$, $R_3 = 10\Omega$

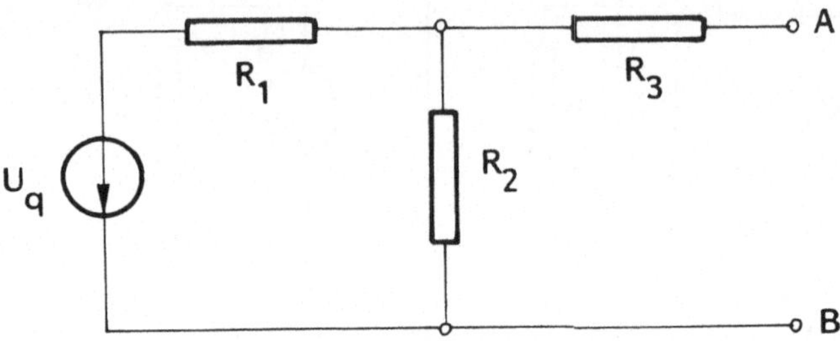

Man berechnet die Leerlaufspannung U_l, den Kurzschlußstrom I_K und den Innenwiderstand R_i.

Leerlauf:

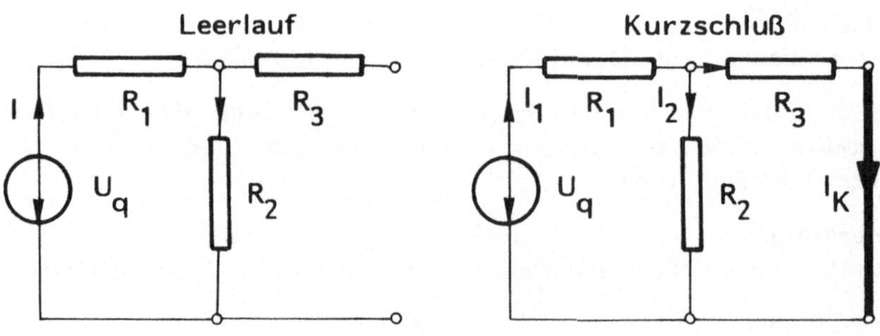

$$I = \frac{U_q}{R_1 + R_2}$$

$$U_l = I \cdot R_2 = \frac{U_q \cdot R_2}{R_1 + R_2}$$

$$U_l = \frac{10\,V \cdot 5\,\Omega}{(5+5)\,\Omega} = 5\,V$$

Fortsetzung des Beispiels:

Kurzschluß:

$$I_1 = \frac{U_q}{R_1 + (R_2 \| R_3)} = \frac{U_q}{R_1 + \dfrac{R_2 \cdot R_3}{R_2 + R_3}}$$

$$I_K = I_1 \cdot \frac{R_2}{R_2 + R_3} \qquad \text{(Stromteiler–Regel)}$$

$$I_K = \frac{U_q \cdot R_2}{R_1(R_2 + R_3) + R_2 \cdot R_3}$$

$$I_K = \frac{10V \cdot 5\Omega}{(5 \cdot 15 + 50)\Omega^2}$$

Innenwiderstand:

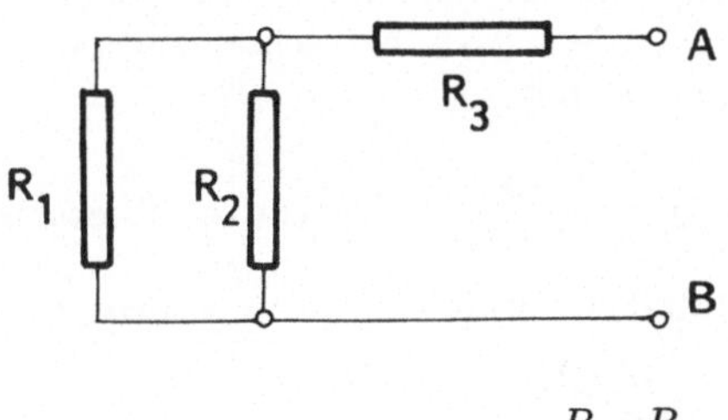

$$R_i = R_3 + R_1 \| R_2 = R_3 + \frac{R_1 \cdot R_2}{R_1 + R_2}$$

$$R_i = 10\Omega + \frac{5\Omega \cdot 5\Omega}{10\Omega} = 12,5\Omega$$

Die beiden äquivalenten Ersatzschaltbilder sind:

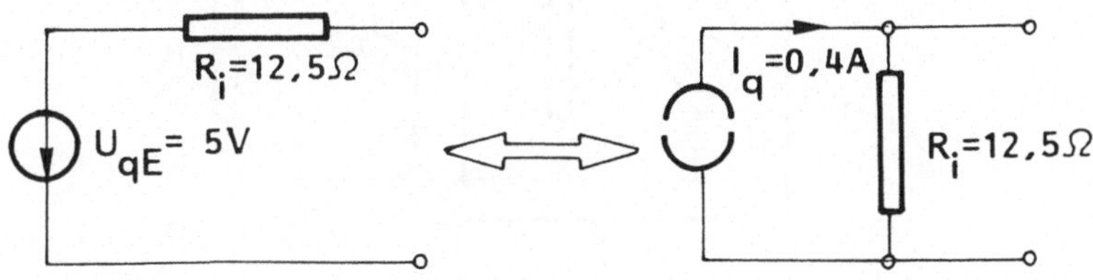

4.3.4 Die Sätze von den Zweipolen (Thévenin–Theorem und Norton–Theorem)

Den **Strom I_{AB}** in einem (passiven) Widerstandszweig A–B vom Widerstand R eines linearen Netzwerkes kann man so berechnen, daß man R aus dem Netzwerk herauslöst und das verbleibende Netzwerk als **Ersatzspannungsquelle** betrachtet (siehe nächste Abbildung).

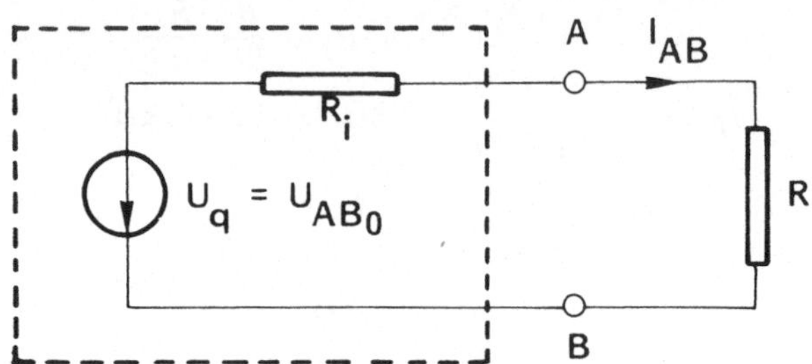

Die Quellenspannung ist die Leerlaufspannung U_{AB_0} an den Klemmen A–B; den Innenwiderstand R_i findet man, wenn man im Restnetzwerk alle Zweige „passiv" macht, d.h. alle idealen Spannungsquellen als Kurzschluß und alle idealen Stromquellen als unterbrochenen Netzzweig betrachtet und den Eingangswiderstand an den offenen Klemmen berechnet.
Dann ist:

$$I_{AB} = \frac{U_{AB_0}}{R_i + R} \qquad \textbf{Thévenin–Theorem} \qquad (72)$$

Dieser Satz ist sehr nützlich, wenn nur nach **einem** Strom in einem passiven Zweig gefragt wird.

Ein ähnlicher Satz ersetzt das Netzwerk durch eine **Ersatzstromquelle** und berechnet die **Spannung U_{AB}** an den Klemmen (siehe nächste Abbildung).

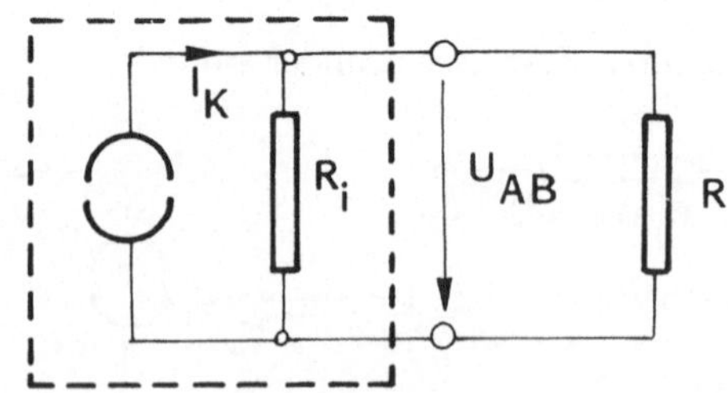

Die **Spannung U_{AB}** an einem Widerstand R ist das Verhältnis zwischen dem Kurzschlußstrom des Netzes an den Klemmen A–B und der Summe aus dem Leitwert $G = \frac{1}{R}$ und dem inneren Leitwert $G_i = \frac{1}{R_i}$ des „passiven“ Restnetzes.

$$U_{AB} = \frac{I_K}{G_i + G} \qquad \textbf{Norton–Theorem} \qquad (73)$$

Dieser Satz ist besonders nützlich, wenn $G_i \ll G$, also $R_i \gg R$ ist, so daß die Spannung $U_{AB} \approx \frac{I_K}{G}$ ist. Dies ist z.B. in der Nachrichtentechnik sehr oft der Fall.

Beispiel:

In der folgenden Schaltung soll der Strom I_3 in dem passiven Zweig mit dem Thévenin–Theorem berechnet werden.

Es gilt: $U_{q1} = 100V$, $U_{q2} = 80V$, $R_1 = 10\Omega$, $R_2 = 2\Omega$, $R_3 = 15\Omega$.

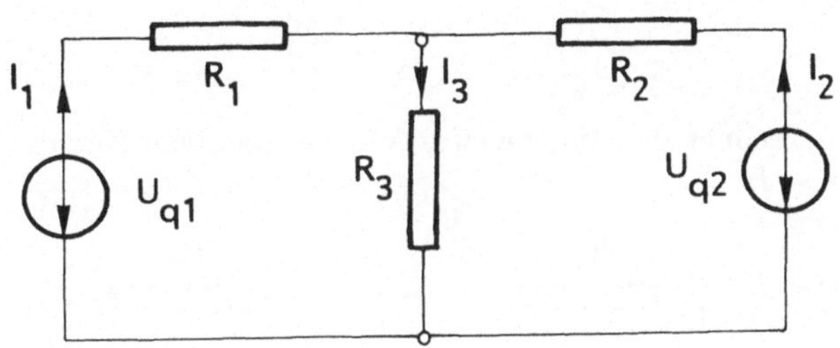

- Zuerst löst man den passiven Zweig heraus:

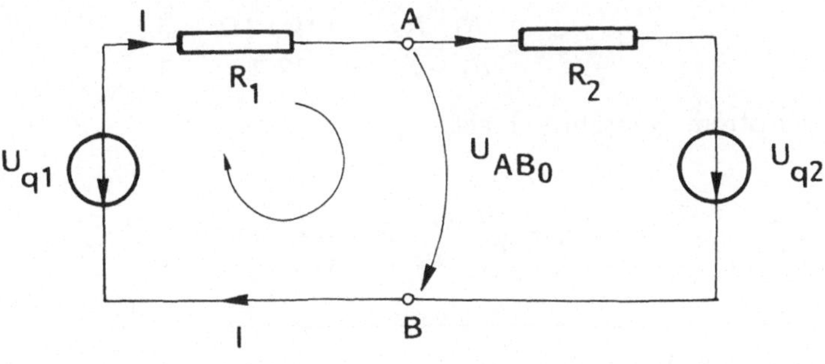

Fortsetzung des Beispiels:

- Nun berechnet man die Leerlaufspannung des Restnetzwerkes.

  Zur Berechnung der Leerlaufspannung benutzt man eine Umlaufgleichung, in der die gesuchte Spannung die einzige Unbekannte ist. Die zweite Kirchhoffsche Gleichung: „Die Summe aller Teilspannungen in einem geschlossenen Umlauf ist stets gleich Null“ gilt auf **jedem** geschlossenen Umlauf, auch wenn Teile von ihm durch die Luft verlaufen. Um die Leerlaufspannung zu berechnen, muß man also einen Umlauf bilden, in dem diese Spannung beteiligt ist. Man kann eine solchen Umlauf mit der linken Quelle bilden (siehe Bild vorige Seite, unten):

$$U_{AB_0} = U_{q_1} - R_1 \cdot I = U_{q_1} - R_1 \cdot \frac{U_{q_1} - U_{q_2}}{R_1 + R_2}$$

$$U_{AB_0} = \frac{U_{q_1} \cdot R_2 + U_{q_2} \cdot R_1}{R_1 + R_2} = \frac{100\,V \cdot 2\,\Omega + 80\,V \cdot 10\,\Omega}{(10+2)\,\Omega}$$

$$U_{AB_0} = \frac{250}{3}\,V$$

- Man berechnet den Innenwiderstand des passiven Netzes an den Klemmen $A - B$:

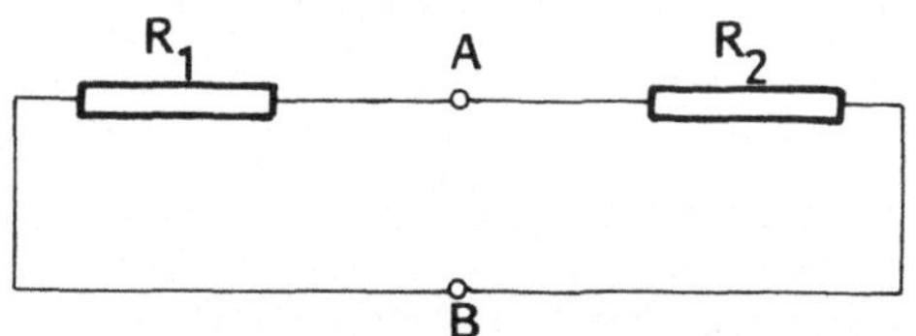

$$R_i = \frac{R_1 \cdot R_2}{R_1 + R_2} = \frac{10\,\Omega \cdot 2\,\Omega}{12\,\Omega} = \frac{5}{3}\,\Omega$$

- Der Strom I_3 ergibt sich als:

$$I_3 = \frac{U_{AB_0}}{R_i + R_3} = \frac{\frac{250}{3}\,V}{\frac{5}{3}\,\Omega + 15\,\Omega} = 5\,A\,.$$

Man ersieht, daß dieses Theorem die gesamte Schaltung an den Klemmen des interessierenden, passiven Zweiges durch eine Ersatzspannungsquelle ersetzt.

Beispiel:

In derselben Schaltung (siehe letztes Beispiel) soll die Spannung U_{AB} am passiven Zweig mit dem Norton–Theorem berechnet werden.

- Man schließt die Klemmen A und B kurz

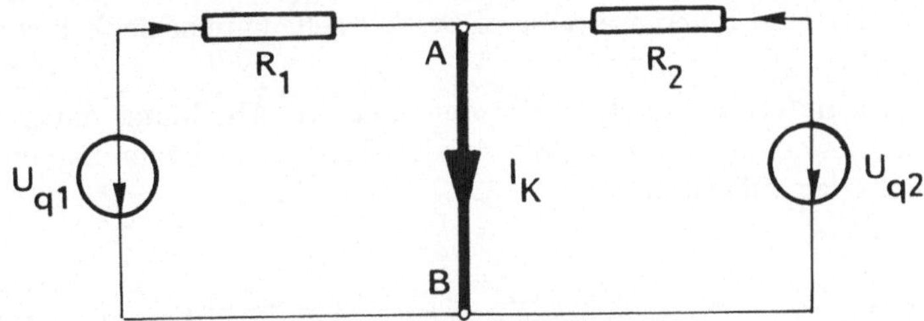

- Der Kurzschlußstrom ist die Überlagerung der von den zwei Quellen einzeln erzeugten Ströme:

$$I_K = \frac{U_{q_1}}{R_1} + \frac{U_{q_2}}{R_2}$$

$$I_K = \frac{100\,V}{10\,\Omega} + \frac{80\,V}{2\,\Omega} = 10\,A + 40\,A = 50\,A$$

- Der Innenwiderstand R_i wurde bereits (siehe letztes Beispiel) ermittelt:

$$R_i = \frac{5}{3}\,\Omega$$

- Die gesuchte Spannung ist dann:

$$U_{AB} = \frac{I_K}{G_i + G} = \frac{50\,A}{\left(\frac{3}{5} + \frac{1}{15}\right)\frac{1}{\Omega}} = \frac{50\,A \cdot 15\,\Omega}{10\,\Omega} = 75\,V$$

Bemerkung:

Es muß gelten:

$$U_{AB_0} = I_K \cdot R_i$$

In der Tat ist:

$$\frac{250}{3} = 50 \cdot \frac{5}{3}$$

4.3.5 Äquivalenz von Zweipolen

Wir haben gezeigt, daß jeder Zweipol in Bezug auf seine Klemmen durch eine Ersatzspannungs- oder eine Ersatzstromquelle **ersetzt** werden kann. Zweipole, die sich an ihren Klemmen gleich verhalten, sind **äquivalent**, man kann sie von außen meßtechnisch nicht unterscheiden.

Im Inneren können sie jedoch stark voneinander abweichen. Vor allem kann der Leistungsumsatz im Inneren **aktiver** Zweipole sehr unterschiedlich sein.

Im folgenden untersuchen wir die in der nächsten Abbildung dargestellten vier äquivalenten Zweipole, also Zweipole, die dieselbe Leerlaufspannung und denselben Kurzschlußstrom aufweisen.

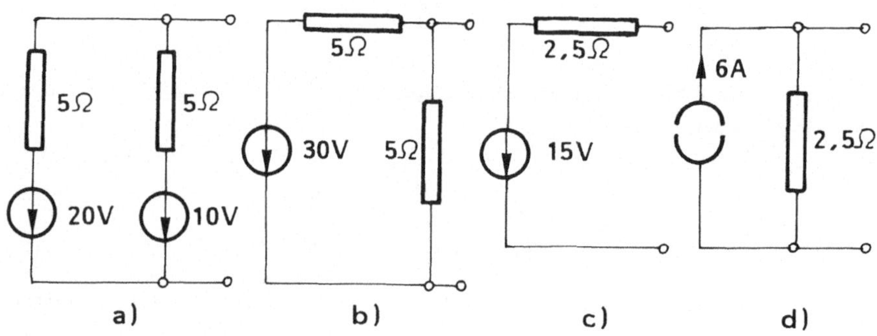

Die vier Zweipole sind:

a) Zwei parallel geschaltete Spannungsquellen

b) Spannungsteiler

c) Ersatzspannungsquelle

d) Ersatzstromquelle.

Für jeden Zweipol berechnen wir im folgenden die Leerlaufspannung U_l und den Kurzschlußstrom I_K. Sollten diese bei allen vier Zweipolen gleichgroß sein, so sind die Zweipole äquivalent.

Es sollten auch die im Leerlauf und beim Kurzschluß umgesetzten Leistungen berechnet werden. Diese müssen jedoch nicht gleichgroß sein, denn Leistungen hängen nicht linear von Spannung und Strom ab.

Berechnung der einzelnen Zweipole:

1. Zweipol a):

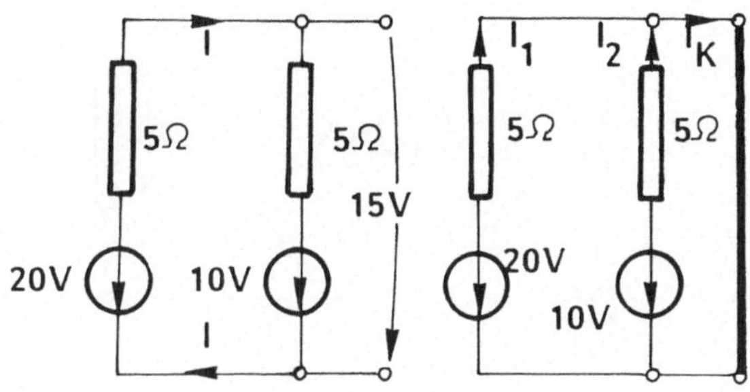

- Leerlauf:

$$5\,\Omega \cdot I_1 - 5\,\Omega \cdot I_2 + 10\,V - 20\,V = 0$$

$$-I_1 - I_2 = 0 \rightarrow I_2 = -I_1$$

$$I_1 \cdot (5\,\Omega + 5\,\Omega) = 10\,V \rightarrow I_1 = 1\,A$$

$$U_l = 20\,V - 5\,\Omega \cdot 1\,A = 15\,V$$

$$P_{ges} = 5\,\Omega \cdot (1\,A)^2 + 5\,\Omega \cdot (1\,A)^2 = 10\,W \text{ verbrauchte Leistung}$$

$$P_{ab} = -20\,V \cdot 1\,A + 10\,V \cdot 1\,A = -10\,W \text{ abgegebene Leistung}$$

Die Quelle U_{q_2} arbeitet im Leerlauf als Verbraucher, da Strom und Spannung gleichgerichtet sind!

- Kurzschluß

$$I_K = I_1 + I_2$$

$$I_1 = \frac{20\,V}{5\,\Omega} = 4\,A\ ;\ I_2 = \frac{10\,V}{5\,\Omega} = 2\,A$$

$$I_K = 4\,A + 2\,A = 6\,A$$

$$P_{ges} = 5\,\Omega \cdot (4\,A)^2 + 5\,\Omega \cdot (2\,A)^2$$

$$P_{ges} = 80\,W + 20\,W = 100\,W \text{ verbrauchte Leistung}$$

$$P_{ab} = -20\,V \cdot 4\,A - 10\,V \cdot 2\,A = -100\,W \text{ abgegebene Leistung}$$

2. Zweipol b):

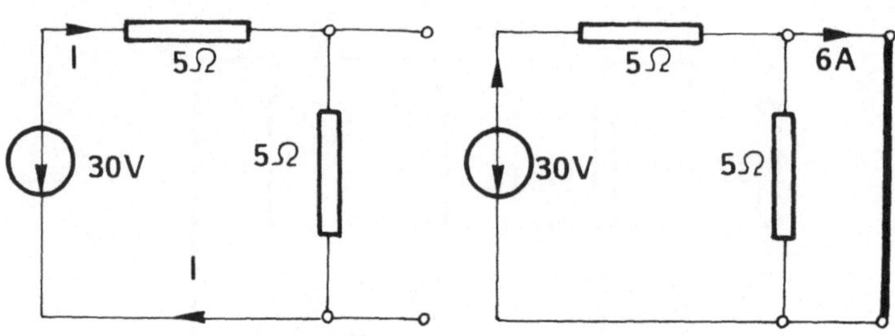

- Leerlauf:

$$I = \frac{30\,V}{10\,\Omega} = 3\,A$$

$$U_l = 3\,A \cdot 5\,\Omega = 15\,V$$

$$P_{ges} = 10\,\Omega \cdot (3\,A)^2 = 90\,W$$

$$P_{ab} = -30\,V \cdot 3\,A = -90\,W$$

- Kurzschluß:

$$I_K = \frac{30\,V}{5\,\Omega} = 6\,A$$

$$P_{ges} = 5\,\Omega \cdot (6\,A)^2 = 180\,W$$

3. Zweipol c):

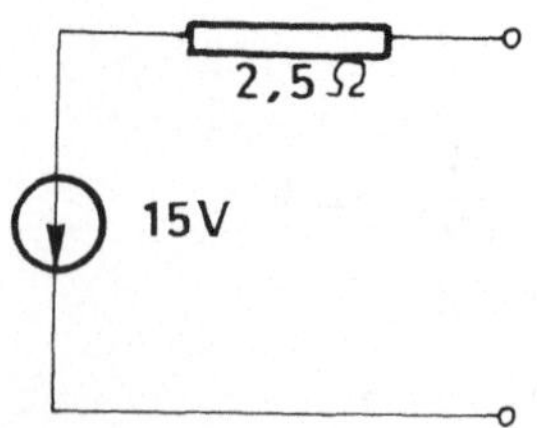

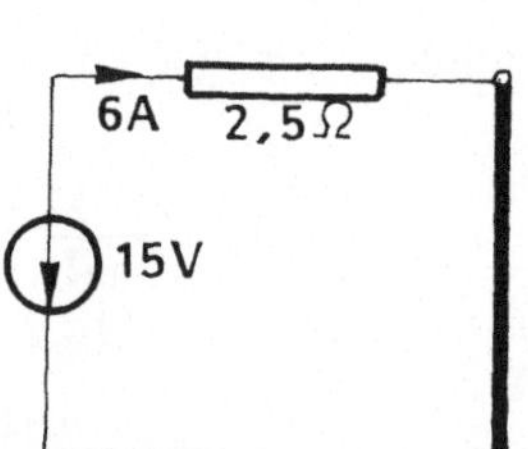

- Leerlauf:

$$U_l = 15\,V \qquad\qquad P_{ges} = 0\ !$$

- Kurzschluß:

$$I_K = \frac{15\,V}{2,5\,\Omega} = 6\,A$$

$$P_{ges} = 2,5\,\Omega \cdot (6\,A)^2 = 90\,W$$

4. Zweipol d):

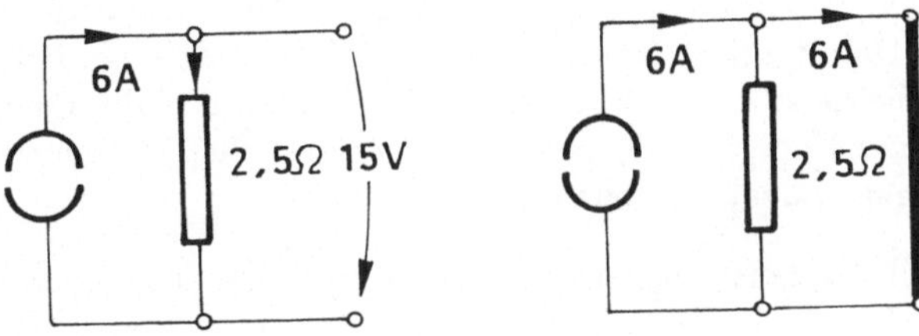

- Leerlauf:

$$U_l = 6\,A \cdot 2,5\,\Omega = 15\,V$$

$$P_{pes} = 2,5\,\Omega \cdot (6\,A)^2 = 90\,W$$

- Kurzschluß:

$$I_K = 6\,A \qquad P_{ges} = 0$$

Aus diesen Berechnungen kann man folgende Zusammenhänge ableiten:

- Jeder von den vier Zweipolen kann durch jeden der anderen ersetzt werden.
- Die Gesamtleistungen sind **sehr** unterschiedlich.
- In der Ersatzspannungsquelle wird im Leerlauf, in der Ersatzstromquelle im Kurzschluß **keine** Leistung verbraucht!

4.4 Leistung an Zweipolen

4.4.1 Leistungsanpassung

Sowohl in der Energie– als auch in der Nachrichtentechnik hat der aus Quelle, Leitung und Verbraucher bestehende Stromkreis die Aufgabe, dem Verbraucher elektrische Energie zuzuführen.
In der Praxis gibt es zwei betriebliche Forderungen, die in ihren Zielsetzungen sehr unterschiedlich sind:

- **Energie**technik:
  Die Leistung der Quelle soll möglichst **verlustfrei** an den Verbraucher abgegeben werden.

$$\eta = \frac{P_a}{P_g} \qquad \text{möglichst groß}$$

  In dieser Gleichung bedeuten P_a die Leistung am Verbraucher und P_g die Leistung der Quelle.

- **Nachrichten**technik:
  Es soll dem Verbraucher die **höchstmögliche Leistung** $P_{a_{max}}$ zugeführt werden. Damit sollen Nachrichten **ohne Verluste an Inhalt** übertragen werden; die Leistungsverluste auf der Leitung und in der Quelle selbst[16] sind – bei kleiner Energie – als unvermeidbar anzusehen. Dieser Betriebsfall wird **Leistungsanpassung** genannt.

Der Betriebsfall der Leistungsanpassung soll im folgenden näher untersucht werden.

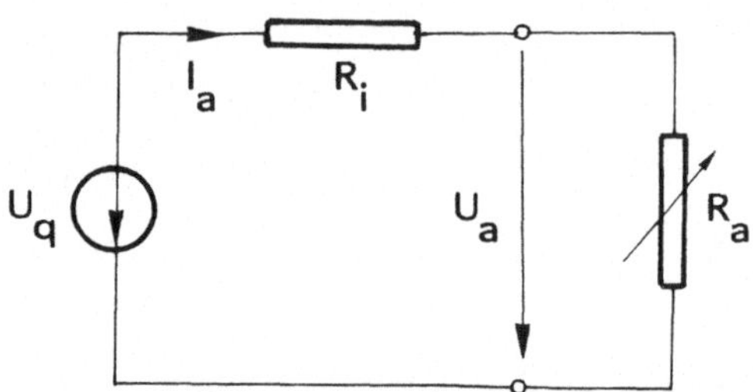

Die in der obigen Abbildung dargestellte Quelle erzeugt die Leistung:

$$P_g = U_q \cdot I_a = U_q \cdot \frac{U_q}{R_i + R_a} = \frac{U_q^2}{R_i + R_a} \,. \tag{74}$$

Die Nutzleistung im Verbraucher ist:

$$P_a = R_a \cdot I_a^2 = R_a \cdot \frac{U_q^2}{(R_i + R_a)^2} \,. \tag{75}$$

Die Funktion $P_a = f\,(R_a)$ hat sowohl für $R_a = 0$ (Kurzschluß), als auch für $R_a = \infty$ (Leerlauf) den Wert $P_a = 0$. Dazwischen muß mindestens ein Maximum liegen. Um den Widerstand R_a zu bestimmen, der zu der maximalen Leistung $P_{a_{max}}$ führt, bildet man die Ableitung:

$$\frac{d\,P_a}{d\,R_a} = U_q^2 \cdot \frac{(R_i + R_a)^2 - 2 \cdot R_a \cdot (R_i + R_a)}{(R_i + R_a)^4} = U_q^2 \cdot \frac{(R_i + R_a) - 2 \cdot R_a}{(R_i + R_a)^3} \,.$$

Die **Anpassungsbedingung** ist

$$\frac{d\,P_a}{d\,R_a} = 0 \text{ für } \boxed{R_i = R_a} \,. \tag{76}$$

Die maximal erreichbare Leistung beim Verbraucher ist:

[16] Diese Verluste entstehen an R_i

$$P_{a_{max}} = R_i \cdot \frac{U_q^2}{4 \cdot R_i} = \frac{U_q^2}{4 \cdot R_i} \ . \tag{77}$$

Die im Generator bei Leistungsanpassung erzeugte Leistung ist:

$$P_g = \frac{U_q^2}{2 \cdot R_i} \tag{78}$$

so, daß der Wirkungsgrad bei Leistungsanpassung

$$\eta = \frac{P_a}{P_g} = \boxed{0,5}$$

beträgt. 50% der Leistung der Quelle werden also im Verbraucherwiderstand und 50% im Innenwiderstand R_i umgesetzt.

Die Quelle liefert ihre maximale Leistung bei Kurzschluß ($R_a = 0$) (siehe Gleichung (74):

$$P_k = \frac{U_q^2}{R_i} \ . \tag{79}$$

4.4.2 Wirkungsgrad, Ausnutzungsgrad

Man definiert als **Ausnutzungsgrad** ε das Verhältnis der abgegebenen Nutzleistung zu der maximalen Kurzschlußleistung P_k:

$$\varepsilon = \frac{P_a}{P_k} \ . \tag{80}$$

Man erkennt, daß ε am größten ist, wenn die abgegebene Leistung maximal ist.

$$\varepsilon_{max} = \frac{P_{a_{max}}}{P_k} = \frac{U_q^2}{4 \cdot R_i} \cdot \frac{R_i}{U_q^2} = 0,25 \ .$$

Bei Leistungsanpassung gilt also:

- $\eta = 0,5$
- $\varepsilon = 0,25$
- $P_a = P_{a_{max}} = \frac{P_k}{4}$
- $I_a = \frac{I_{a_k}}{2}$
- $U_a = \frac{U_q}{2}$

Bei einem beliebigen Verbraucherwiderstand R_a ist der Wirkungsgrad

$$\eta = \frac{P_a}{P_g} = \frac{R_a}{R_i + R_a} = \frac{\frac{R_a}{R_i}}{1 + \frac{R_a}{R_i}} = \frac{R_r}{1 + R_r} \text{ mit } R_r = \frac{R_a}{R_i}$$

$$\eta = \frac{R_r}{1 + R_r} \tag{81}$$

Es ist:

- $\eta = 0$ bei $R_a = 0$ (Kurzschluß)
- $\eta = 0,5$ bei $R_a = R_i$ (Anpassung)
- $\eta = 1$ bei $R_a = \infty$ (Leerlauf)

Die Abbildung 36 erläutert die oben genannten Zusammenhänge graphisch.

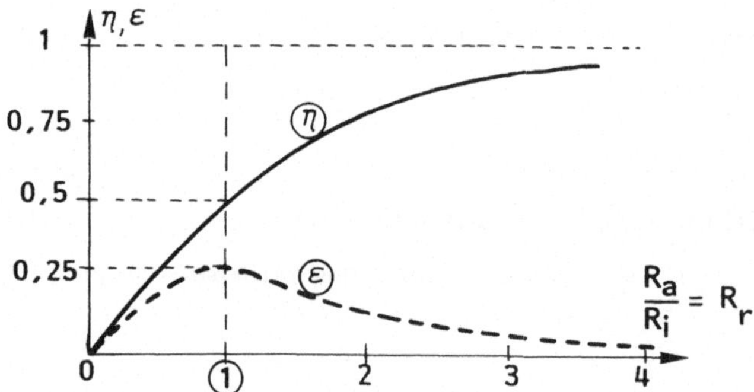

Abbildung 36: Verlauf des Wirkungsgrades η und des Nutzungsgrades ε

In der Energietechnik soll $\eta \to 1$ gehen, also muß $\boldsymbol{R_i \ll R_a}$ sein. Eine Leistungsanpassung wäre falsch, denn 50% der Quellenleistung würde in Wärme umgesetzt werden.
Für einen beliebigen Widerstand berechnen wir auch ε:

$$\varepsilon = \frac{P_a}{P_K} = R_a \cdot \frac{U_q^2}{(R_i + R_a)^2} \cdot \frac{R_i}{U_q^2} \tag{82}$$

$$= \frac{R_a \cdot R_i}{R_i^2 + 2 \cdot R_i \cdot R_a + R_a^2} = \frac{\frac{R_a}{R_i}}{1 + 2 \cdot \frac{R_a}{R_i} + \left(\frac{R_a}{R_i}\right)^2}$$

$$\varepsilon = \frac{R_r}{(1 + R_r)^2}$$

4.4.3 Leistung, Spannung und Strom bei Fehlanpassung

Mit „Fehlanpassung“ bezeichnet man alle Betriebszustände eines Stromkreises, die außerhalb der „Leistungsanpassung“ ($R_a = R_i$) liegen. Es soll nochmals erwähnt werden, daß für die Energietechnik nur Fehlanpassungen ($R_a \gg R_i$) in Frage kommen.
Um die Abhängigkeit $P_a = f(R_r)$ zu bestimmen, also den Verlauf der Verbraucherleistung bei verschiedenen Belastungen, zeichnet man in einem Kennlinienfeld $I_a = f(U_a)$ die Quellengerade mit der entsprechenden Neigung (bestimmt von R_i) und einige Geraden für verschiedene Werte des Lastwiderstandes R_a (siehe Abbildung 37).

Die Arbeitspunkte legen jeweils ein Rechteck fest, dessen Flächeninhalt $P_a = U_a \cdot I_a$ ist. Dieser Flächeninhalt ist am größten für den Arbeitspunkt A_2 (siehe Abbildung 37), also für $R_a = R_i$ (gleiche Neigung der Quellen- und der Widerstandsgeraden). In der Tat, muß die Leistung P_a am Verbraucher bei der Leistungsanpassung die größtmögliche sein.

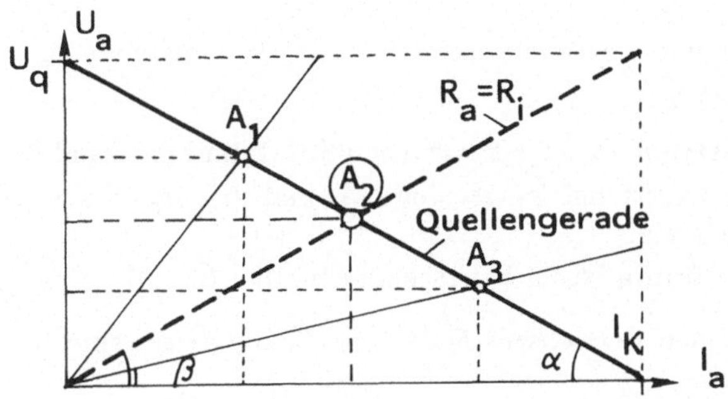

Abbildung 37: Arbeitspunkte eines Stromkreises bei verschiedenen Belastungen

Es stellt sich die Frage, wie sich die Leistung am Verbraucher P_a, der Strom I_a und die Spannung U_a ändern, wenn $R_a \neq R_i$ ist, also bei **Fehl**anpassung. Die Antwort gibt die Abbildung 38. In dieser Abbildung sind die relativen Werte von P_a, I_a und U_a (bezogen auf die jeweiligen Maxima) skizziert. Dabei bedeuten

- $R_r = 0$: Kurzschluß
- $R_r = 1$: Leistungsanpassung.

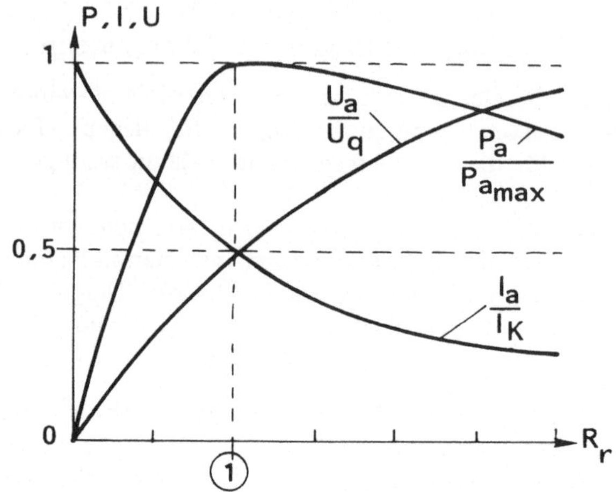

Abbildung 38: Verlauf von Leistung, Strom und Spannung bei verschiedenen Belastungen

Die Betrachtung der Kurvenverläufe läßt folgende Schlüsse zu:

1. Die **Leistung** P_a ist bei Kurzschluß Null und maximal bei $R_r = 1$.
2. Der **Strom** ist bei Kurzschluß maximal, bei $R_r = 1$ ist er $\frac{I_K}{2}$ und nimmt dann weiter ab.
3. Die **Spannung** ist im Kurzschluß Null, bei $R_r = 1$ ist sie $\frac{U_q}{2}$ und nimmt zu.

Die verschiedenen Betriebszustände eines Stromkreises sind in der Tabelle 4 zusammengefasst.

Tabelle 4: Betriebszustände eines Stromkreises

Betriebszustand	R_a	P_g	P_a	η
Kurzschluß	0	$P_k = \frac{U_q^2}{R_i}$	0	0
Unteranpassung	$< R_i$		$0 < P_a < P_{a_{max}}$	$0 < \eta < 0,5$
Anpassung	$= R_i$	$P_g = \frac{U_q^2}{2 \cdot R_i}$	$P_{a_{max}} = \frac{U_q^2}{4 \cdot R_i}$	0,5
Überanpassung	$> R_i$		$0 < P_a < P_{a_{max}}$	$0,5 < \eta < 1$
Leerlauf	∞	0	0	$\eta = 1$

Die Wahl des geeigneten Lastwiderstandes R_a hängt also von der Zielsetzung der Übertragung ab: Der von der Energietechnik geforderte sehr große Lastwiderstand ist für die Nachrichtentechnik ungünstig. Dort soll $R_a = R_i$ sein.

Beispiel:

Zwei Akkuzellen mit $U_q = 2\,V$ und $R_i = 0,05\,\Omega$ sollen auf zwei Widerstände $R_a = 0,2\,\Omega$

1. die größtmögliche Leistung $P_{a_{max}}$ übertragen,
2. mit dem besten Wirkungsgrad η_{max} arbeiten.

Welche Schaltungen muß man hierfür vorsehen, und welche Verbraucherleistungen P_a werden dann mit welchem η erzeugt?

Als erstes muß eine Leistungsanpassung realisiert werden, also $R_i = R_a$.
Dies ist in diesem Fall (nicht immer!) möglich, wenn man die Innenwiderstände in Reihe ($2 \cdot R_i = 0,1\,\Omega$) und die belastenden Widerstände parallel schaltet $\left(\frac{R_a}{2} = 0,1\,\Omega\right)$.

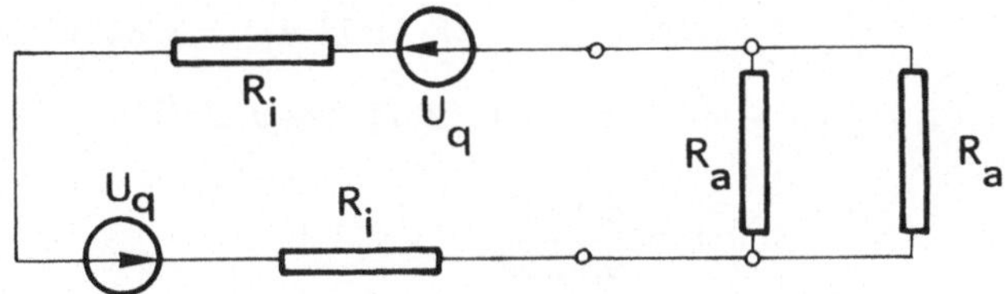

Die wirksame Quellenspannung ist die Summe $2U_q$.
Die abgegebene Leistung wird:

$$P_a = P_{a_{max}} = \frac{U_q^2}{4 \cdot R_i} = \frac{(2 \cdot U_q)^2}{4 \cdot (2 \cdot R_i)} = \frac{4 \cdot U_q^2}{8 \cdot R_i} = \frac{4 \cdot (2\,V)^2}{8 \cdot 0,05\,\Omega} = 40\,W$$

Der Wirkungsgrad braucht nicht mehr berechnet zu werden, da er bei der Leistungsanpassung immer 0,5 beträgt.

Für die zweite Fragestellung muß $R_i \ll R_a$ realisiert werden. Dazu schaltet man R_i parallel und R_a in Reihe.
Damit wird die abgegebene Leistung abnehmen, aber der Wirkungsgrad steigt mit Sicherheit an. Man erlangt den besten Wirkungsgrad, der mit den vorgegebenen Schaltelementen realisierbar ist.

Fortsetzung des Beispiels:

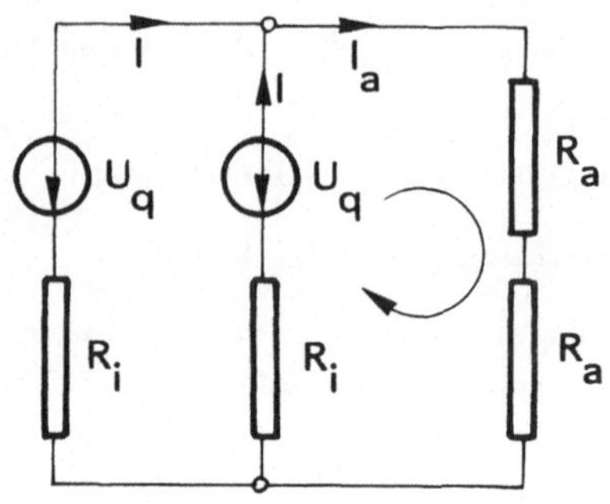

$$I' = \frac{I_a}{2}; \quad U_q - R_i \cdot \frac{I_a}{2} = 2 \cdot R_a \cdot I_a$$

$$I_a = \frac{U_q}{2 \cdot R_a + \frac{R_i}{2}} = \frac{2\,V}{(0,4 + 0,05)\,\Omega} = 4,71\,A$$

$$P_a = 2 \cdot R_a \cdot I_a^2 = 0,4\,\Omega \cdot (4,71\,A)^2 = 8,84\,W$$

$$P_g = 2 \cdot U_q \cdot \frac{I_a}{2} = 2\,V \cdot 4,71\,A = 9,42\,W$$

$$\eta = \frac{8,84\,W}{9,42\,W} = 0,938 \;!!$$

Die folgende Schaltung, ergibt einen kleineren Wert für den Wirkungsgrad η:

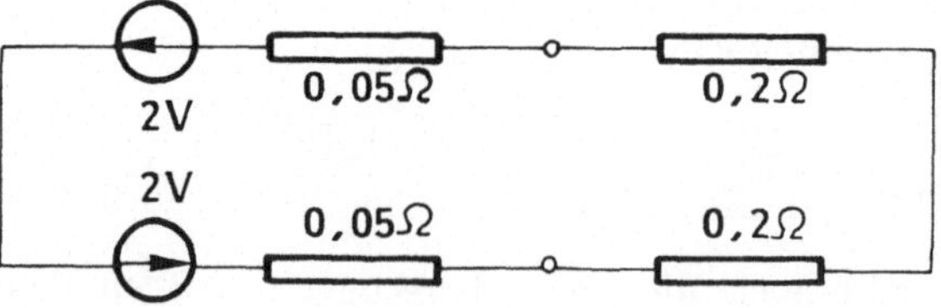

$$I_a = \frac{4\,V}{0,5\,\Omega} = 8\,A$$

$$P_a = R_a \cdot I_a^2 = 0,4\,\Omega \cdot (8\,A)^2 = 0,4\,\Omega \cdot 64\,A^2 = 25,6\,W$$

$$P_g = U_q \cdot I_a = 4\,V \cdot 8\,A = 32\,W$$

$$\eta = \frac{25,6\,W}{32\,W} = 0,8 \;!!$$

Satz 19 *Es genügt nicht, daß R_a groß ist, $\frac{R_a}{R_i}$ muß möglichst groß sein !!*

5 Nichtlineare Zweipole

5.1 Kennlinien nichtlinearer Zweipole

Bei vielen technisch wichtigen Bauelementen ist der Zusammenhang zwischen U und I nicht linear.
Bei der Berechnung von Schaltungen mit solchen **nichtlinearen Zweipolen** geht man von der Kennlinie $\boldsymbol{I = f(U)}$ aus.

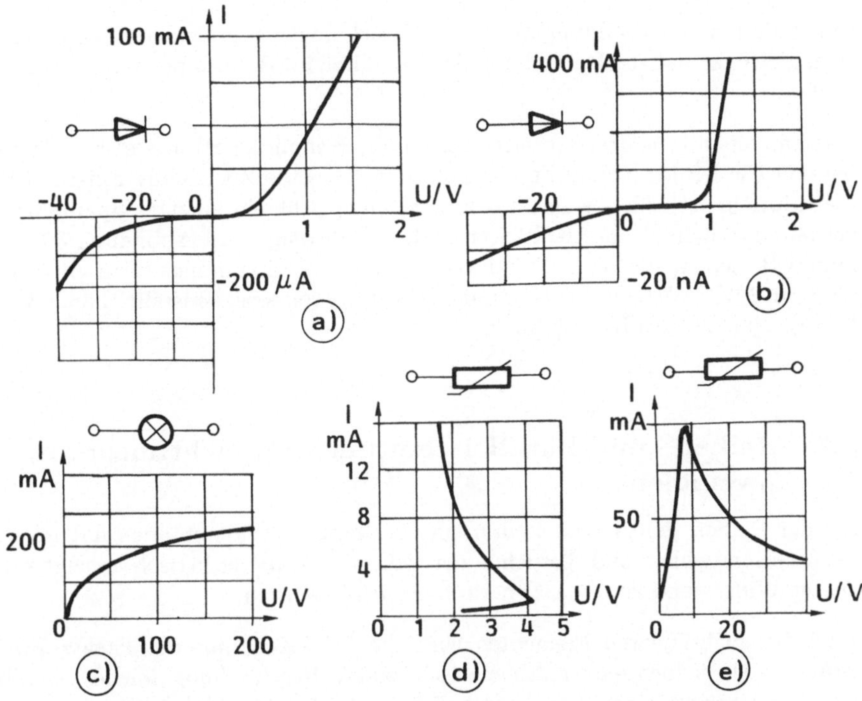

Abbildung 39: Kennlinien einiger nichlinearer Bauelemente

Die Abbildung 39 zeigt die nichtlinearen I-U-Kennlinien folgender Bauelemente:

a) Germaniumdiode

b) Siliziumdiode

c) Glühlampe

d) Kaltleiter

e) Heißleiter.

Die Dioden-Kennlinien (a, b) sind stark nichtlinear und weisen einen völlig unterschiedlichen Verlauf im Bereich positiver, als im Bereich negativer Spannungen auf. Um diesen Verlauf graphisch darstellen zu können ist man gezwungen, unterschiedliche Maßstäbe für die Spannung und für den Strom im positiven und im negativen Bereich zu verwenden (siehe Abbildung 39 a und b).
Man ersieht, daß die Stromwerte im Bereich negativer Spannungen (in „Sperrichtung“) um einige Größenordnungen kleiner als im Bereich positiver Spannungen sind. Die Dioden sollen in einer Richtung leiten und in der anderen „sperren“.

Eine Glühlampe (Abbildung 39 c) verhält sich dagegen in beiden Spannungsbereichen gleich, so daß die Darstellung der Kennlinie im Bereich positiver Spannungen genügt.

Ganz anders als die drei vorherigen sehen die Kennlinien d) und e) aus. Während bei den Dioden (a, b) und bei der Glühlampe (c) die Zuordnung zwischen U und I **eindeutig** ist, d.h.: jedem Stromwert entspricht ein einziger Spannungswert, verhalten sich Heiß- und Kaltleiter **nicht-eindeutig**. Auf Abbildung 39 e) kann man z.B. sehen, daß dem Stromwert $50mA$ zwei Spannungswerte entsprechen: $5V$ und $20V$. Welcher Arbeitspunkt sich im Stromkreis einstellt, hängt von der "Vorgeschichte“ des Kreises ab.

5.2 Reihen– und Parallelschaltung von nichtlinearen Zweipolen

Bei der Reihen- und Parallelschaltung von linearen Widerständen hat man nach dem Gesamtwiderstand gesucht, der die Schaltung elektrisch ersetzen kann. Dieser Widerstand konnte rechnerisch ermittelt werden.

Auch bei nichtlinearen Elementen wird die I–U–Kennlinie des Ersatz–Zweipols gesucht. Da jedoch eine mathematisch exakte Beschreibung solcher Kennlinien verständlicherweise praktisch unmöglich ist (siehe Abbildung 39), ist man hier auf **graphische** Verfahren angewiesen.

Dazu müssen die I–U–Kennlinien der in Reihe geschalteten Elemente vorgegeben sein (diese werden von den Herstellern der nichtlinearen Bauelemente entweder in Tabellenform oder als Diagramme zur Verfügung gestellt).

Bei der **Reihenschaltung** werden die Zweipole von **demselben Strom** durchflossen. Man muß also bei mehreren Stromwerten die Teilspannungen addieren. Damit erhält man die Kennlinie des nichtlinearen Ersatz–Zweipols (EZ).

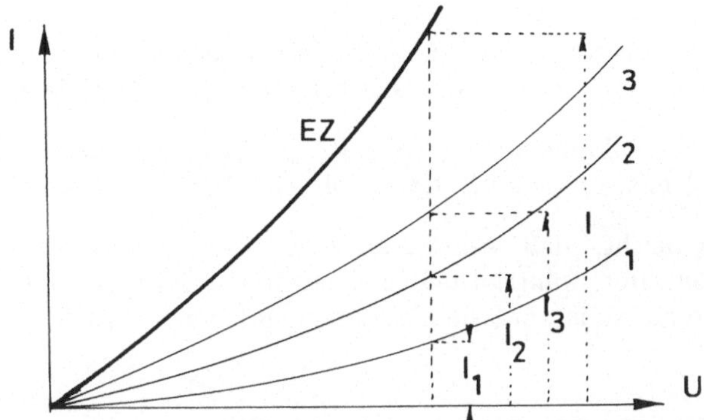

Abbildung 40: Graphische Bestimmung der Kennlinie des Ersatz–Zweipols bei der Reihenschaltung von drei nichtlinearen Elementen

Die Abbildung 40 zeigt das graphische Verfahren der Reihenschaltung. Die gesuchte Kennlinie des Ersatz-Zweipols (EZ) liegt immer flacher als die Kennlinien der in Reihe geschalteten Elemente. Dies entspricht der bekannten Tatsache, daß der Gesamtwiderstand einer Reihenschaltung immer größer als der größte beteiligte Widerstand ist.

Beispiel :

Als Beispiel für eine Reihenschaltung von nichtlinearen Elementen betrachten wir eine Schaltung zur Polaritätsanzeige (siehe nächste Abbildung)

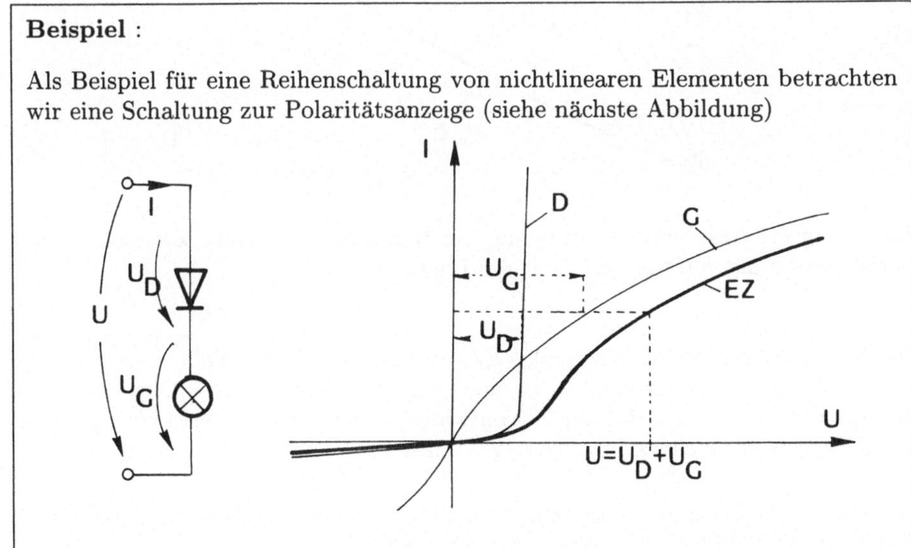

Fortsetzung des Beispiels :

Ein Stromkreis aus einer Diode, in Reihe geschaltet mit einer Glühlampe, kann dazu dienen, die + Klemme einer Gleichspannungsquelle zu identifizieren.

Die vorherige Abbildung zeigt die Schaltung (links) und die $I - U$-Kennlinien der beiden Elemente, wie auch ihre graphische Reihenschaltung (rechts).

Man ersieht leicht, daß wenn man eine positive Spannung anlegt, die Glühlampe leuchtet, während bei einer negativen Spannung der Strom durch die Lampe so gering ist, daß sie nicht brennen kann.

Bei der **Parallelschaltung** bleibt die **Spannung** dieselbe. Jetzt müssen bei mehreren Spannungen die Teilströme punktweise addiert werden (Abbildung 41).

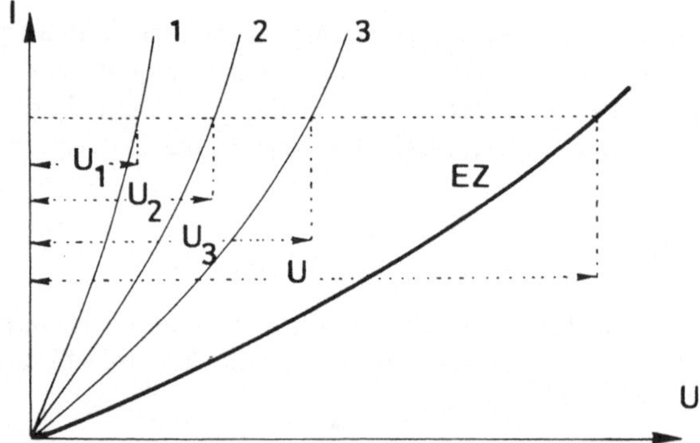

Abbildung 41: Graphische Bestimmung der Kennlinie des Ersatz–Zweipols bei der Parallelschaltung von drei nichtlinearen Elementen

Die Kennlinie des Ersatz–Zweipols (EZ) verläuft in diesem Falle steiler als die steilste Kennlinie der beteiligten, parallel geschalteten Elemente. Dies entspricht der bekannten Tatsache, daß der Gesamtwiderstand einer Parallelschaltung immer kleiner ist als der kleinste beteiligte Widerstand.

Das graphische Verfahren kann man auch anwenden, wenn lineare und nichtlineare Zweipole parallel bzw. in Reihe geschaltet werden.

Beispiel :

Die folgende Schaltung mit zwei antiparallel geschalteten Dioden schützt den linearen Verbraucher R vor zu großen Strömen. Die folgende Abildung zeigt die Schaltung (links) und die $I-U$-Kennlinien der drei beteiligten Elemente und des Ersatz–Zweipols (rechts).

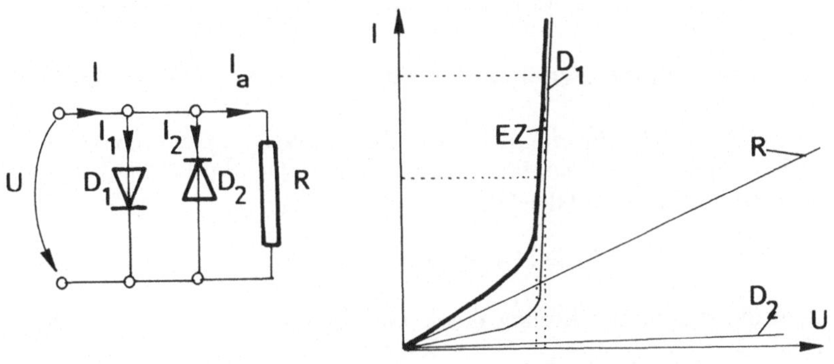

Nimmt I zu, so geht ein wachsender Anteil auf die leitende Diode über.
Am Verbraucher R fällt nur eine begrenzte Spannung ab.
Bei umgekehrter Stromrichtung schützt die andere Diode (EZ–Kennlinie symmetrisch).

5.3 Berechung von Netzen mit nichtlinearen Zweipolen

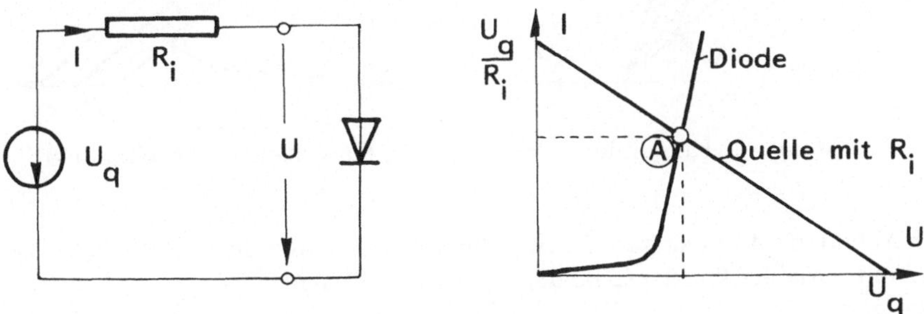

Abbildung 42: Graphische Bestimmung des Arbeitspunktes in einem Stromkreis aus Quelle und nichlinearem Element

Sind nichtlineare Elemente in einem Netz vorhanden, so muß man zur Bestimmung des Stromes ein **graphisches** Lösungsverfahren anwenden.
Als Beispiel soll die Schaltung nach Abbildung 42 gelten. Es soll der Strom in diesem Kreis bestimmt werden, für den U_q, R_i und die Dioden–Kenlinie $I = f(U)$ bekannt sind.
Die Maschengleichung auf der linken Masche lautet:

$$U_q = U + R_i \cdot I \longrightarrow I = \frac{U_q - U}{R_i} \; .$$

Diese Gleichung stellt die **„Quellen–Gerade“**dar, deren Lage nur von U_q und R_i abhängt.
Auf der rechten Masche gilt die nichlineare Kennlinie $I = f(U)$ der Diode.
Die Koordinaten des Schnittpunktes der Quellengeraden mit der Dioden–Kennlinie $I = f(U)$ befriedigen beide Gleichungen:

$$U_q = U + R_i \cdot I \text{ und } I = f(U)$$

und stellen die graphische Lösung dieses Gleichungssystems dar (Abbildung 42, rechts).
Verändern sich R_i oder U_q, so verändern sich die Quellengeraden, wie auf der nächsten Abbildung zu sehen ist.

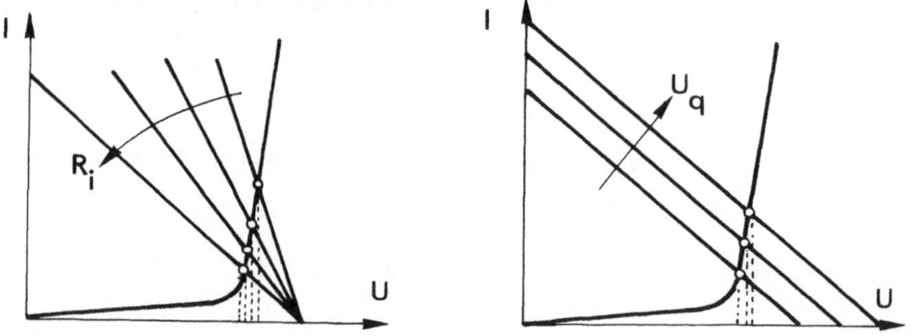

Abbildung 43: Kennlinienfelder und die entsprechenden Arbeitspunkte

Auf Abbildung 43 links variiert R_i während rechts Kennlinien mit $R_i = const.$ aber mit variabler Quellenspannung U_q dargestellt sind.
Man erkennt leicht, welche Rolle die Diode in diesem Kreis spielt: Die Spannung U bleibt fast konstant, obwohl U_q sich stark ändert. Die Diode stabilisiert die Spannung. Schaltet man parallel zu ihr einen linearen Verbraucher, so bleibt die Spannung (und somit der Strom) am Verbraucher praktisch konstant.

Schaltet man also in die Abbildung 42 parallel zu der Diode einen zweiten, variablen Widerstand R_N, so gilt:

$$I_q = I_N + I$$
$$U_q = (I + I_N) \cdot R_i + U$$
$$I_N = \frac{U}{R_N}$$

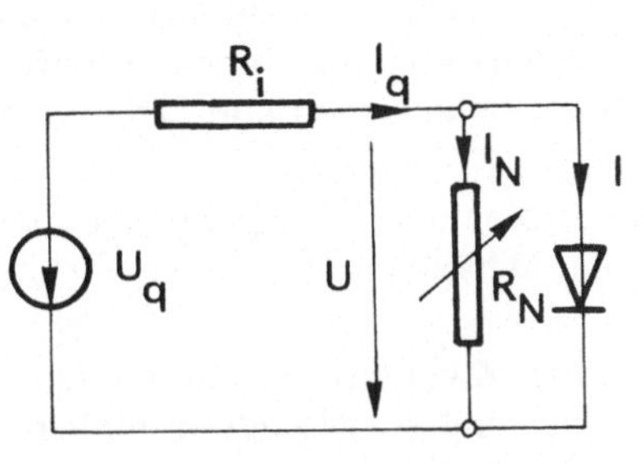

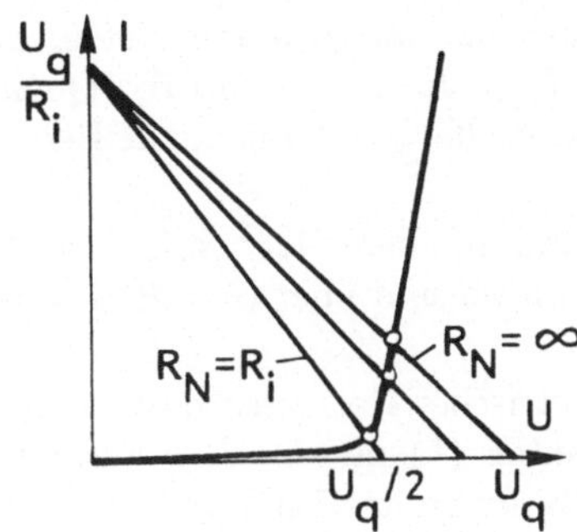

Abbildung 44: Stromkreis mit zwei Widerständen und Diode

Die neue „Quellen"gerade ist also:

$$U_q = \left(I + \frac{U}{R_N}\right) \cdot R_i + U$$

$$U_q = U \cdot \left(1 + \frac{R_i}{R_N}\right) + I \cdot R_i$$

Die Achsenabschnitte sind:

- $U = 0 \Longrightarrow I = \frac{U_q}{R_i}$
- $I = 0 \Longrightarrow U = \frac{U_q}{1 + \frac{R_i}{R_N}}$

Für $R_N = \infty$ gilt $U = U_q$ und somit derselbe Arbeitspunkt wie bei dem vorherigen Beispiel.
Ist $R_N = R_i$, so gilt $U = \frac{U_q}{2}$.
Bemerkung :
In Schaltungen mit einem nichtlinearen Element ist es oft sinnvoll, die gesamte Schaltung an den Anschlüssen des nichtlinearen Elementes durch eine Ersatz-Spannungs- oder Stromquelle zu ersetzen. Dann ergibt sich der Arbeitspunkt des Kreises als Schnittpunkt der Quellengerade der Ersatzquelle mit der Kennlinie des nichtlinearen Elementes.

6 Analyse linearer Netze

6.1 Unmittelbare Anwendung der Kirchhoffschen Gleichungen

Die Aufgabe der Netzwerkanalyse ist die Berechnung der Spannungen und Ströme in beliebigen mit Gleichspannungen und –strömen gespeisten Netzen. Wir beschränken uns auf **lineare** Netze, bei denen in allen Elementen das Ohmsche Gesetz $U = R \cdot I$ gilt und die Quellen eine lineare $U - I$-Kennlinie aufweisen. Dann sind alle Gleichungen zur Berechnung der Spannungen und Ströme linear.

Man kann in einem Netzwerk entweder die Ströme oder die Spannungen berechnen, denn sie sind über $U = R \cdot I$ voneinander abhängig.

Ein elektrisches Netzwerk besteht aus einzelnen **Zweigen** (z), die an den **Knotenpunkten** (k) miteinander zusammenhängen und so **Maschen** bilden[17]. In einem **Knoten** treffen mindestens drei Verbindungsleitungen zusammen. Ein **Zweig** verbindet zwei Knoten miteinander durch beliebige Elemente, die alle vom selben Strom durchflossen werden. Unter **Masche** versteht man einen in sich geschlossenen Kettenzug von Zweigen und Knoten.

Zur Netzwerkberechnung stehen zur Verfügung:

- Die Kirchhoffschen Gleichungen

$$\sum_{\mu} I_{\mu} = 0 \text{ für alle Knoten,}$$

$$\sum_{\mu} U_{\mu} = 0 \text{ für alle Umläufe innerhalb des Netzes,}$$

- Das Ohmsche Gesetz $U = R \cdot I$, das in allen Widerständen gilt.

Um alle Ströme und Spannungen zu bestimmen (bei vorgegebenen Widerständen und Quellenspannungen), muß man also ein Gleichungssystem mit $2 \cdot z$ unabhängigen Gleichungen zur Verfügung haben. z Gleichungen werden von dem Ohmschen Gesetz geliefert. Von den k Knotengleichungen sind lediglich

$$k - 1$$

voneinander unabhängig. Die k–te Gleichung läßt sich aus den übrigen Gleichungen ableiten und ist nicht mehr unabhängig.

[17] Als Maschen bezeichnet man geschlossene Umläufe (vgl. Kapitel 5, Seite 17)

Es bleiben also

$$m = z - k + 1$$

unabhängige Maschen.

Satz 20 *Eine einfache Methode zum Aufstellen der unabhängigen Spannungsgleichungen:*

Nach Aufstellen einer Spannungsgleichung trennt man die gerade betrachtete Masche an einer beliebigen Stelle auf. Die nächste Masche darf den aufgetrennten Zweig nicht enthalten, usw. bis alle Zweige berücksichtigt wurden.

Man kann sich leicht davon überzeugen, daß die Berechnung der Ströme und Spannungen in einem Netz mit Hilfe der Kirchhoffschen Gleichungen und des Ohmschen Gesetzes aufwendig ist. Allerdings führen sie immer zu dem korrekten Ergebnis.

Beispiel :

Gegeben ist ein Netz mit drei Maschen und einer Spannungsquelle (Wheatstone–Brücke).

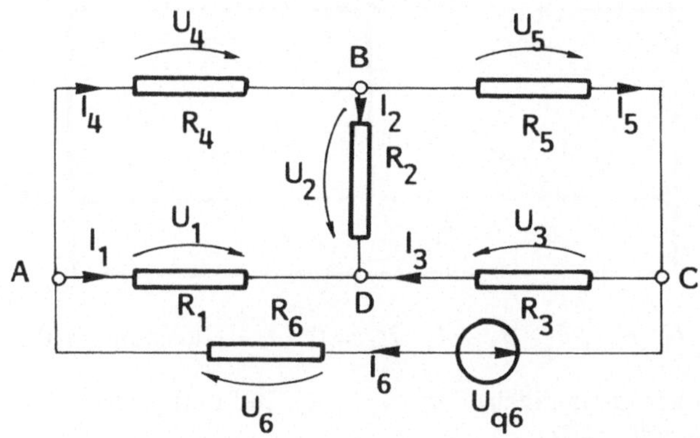

Das Netz hat $k = 4$ Knoten und $z = 6$ Zweige. Die Unbekannten sind die Größen der sechs Ströme und der sechs Spannungen.
Man wählt für die Ströme willkürliche Richtungen, wie dies in der Schaltung bereits geschehen ist. Dann liefert das Ohmsche Gesetz sofort sechs Gleichungen in den sechs Widerständen:

$$U_1 = R_1 \cdot I_1 \qquad \text{Gleichung (1)}$$
$$U_2 = R_2 \cdot I_2 \qquad \text{Gleichung (2)}$$
$$U_3 = R_3 \cdot I_3 \qquad \text{Gleichung (3)}$$

Fortsetzung des Beispiels:

$$U_4 = R_4 \cdot I_4 \qquad \text{Gleichung (4)}$$
$$U_5 = R_5 \cdot I_5 \qquad \text{Gleichung (5)}$$
$$U_6 = R_6 \cdot I_6 \qquad \text{Gleichung (6)}$$

Die vier Knoten liefern vier Gleichungen (1. Kirchhoffscher Satz):

$$\text{Knoten } A: I_1 + I_4 - I_6 = 0 \qquad \text{Gleichung (7)}$$
$$\text{Knoten } B: I_2 + I_5 - I_4 = 0 \qquad \text{Gleichung (8)}$$
$$\text{Knoten } C: I_3 + I_6 - I_5 = 0 \qquad \text{Gleichung (9)}$$

Die Gleichung des Knotens D ist nicht mehr unabhängig, da sie sich durch die Addition der Gleichungen (7) bis (9) ergibt.

Die 2. Kirchhoffsche Gleichung muß auf $m = z - k + 1 = 6 - 4 + 1 = 3$ unabhängige Umläufe angewendet werden. Wir zeichnen dazu eine Skizze der Schaltung und fangen z.B. mit der Masche ADB an. Der willkürliche Umlaufsinn sei nach rechts.

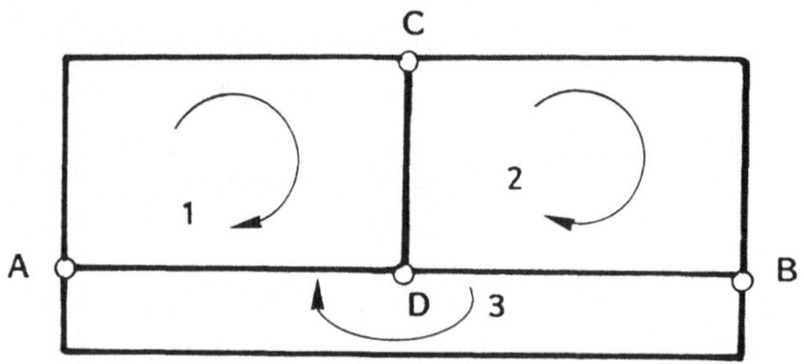

$$I_4 \cdot R_4 + I_2 \cdot R_2 - I_1 \cdot R_1 = 0 \qquad \text{Gleichung (10)}$$

Jetzt trennen wir (gedanklich) den Zweig AB auf und suchen eine zweite komplette Masche, z.B. BCD:

$$-I_2 \cdot R_2 + I_3 \cdot R_3 + I_5 \cdot R_5 = 0 \qquad \text{Gleichung (11).}$$

Wenn man jetzt den Zweig BC auftrennt, so bleibt als komplette Masche nur ACD übrig:

$$I_1 \cdot R_1 - I_3 \cdot R_3 + I_6 \cdot R_6 = U_{q6} \qquad \text{Gleichung (12).}$$

Jede andere Masche, die man jetzt noch behandelt, ergibt eine Gleichung, die man aus den Gleichungen (10) bis (12) gewinnen kann, also abhängig ist.

Fortsetzung des Beispiels :
Jetzt verfügt man über sechs unabhängige Gleichungen für die sechs Zweigströme. Man kann aus den Gleichungen (1) bis (3) die Ströme I_1, I_2 und I_3 durch I_4, I_5 und I_6 ausdrücken und in die Gleichungen (10) bis (12) einsetzen.

$$-R_1 \cdot (-I_4 + I_6) + R_2 \cdot (I_4 - I_5) + R_4 \cdot I_4 = 0$$

$$-R_2 \cdot (I_4 + I_5) + R_3 \cdot (I_5 - I_6) + R_5 \cdot I_5 = 0$$

$$R_1 \cdot (-I_4 + I_6) - R_3 \cdot (I_5 - I_6) + R_6 \cdot I_6 = U_{q6}$$

Ordnet man diese Gleichungen nach den drei Strömen, so ergibt sich:

$$\begin{array}{rrrl} (R_1 + R_2 + R_4) \cdot I_4 & -R_2 \cdot I_5 & -R_1 \cdot I_6 = & 0 \\ -R_2 \cdot I_4 + & (R_2 + R_3 + R_5) \cdot I_5 & -R_3 \cdot I_6 = & 0 \\ -R_1 \cdot I_4 & -R_3 \cdot I_5 + & (R_1 + R_3 + R_6) \cdot I_6 = & U_{q6} \end{array}$$

Die Untersuchung des Netzes mit drei Maschen führt also zu einem Gleichungssystem mit drei Gleichungen für drei Unbekannte (Ströme): I_4, I_5, I_6.

Die Bestimmung der Ströme und Spannungen aus den Kirchhoffschen Gleichungen und dem Ohmschen Gesetz ist bei komplizierten Netzen sehr aufwendig. Es wurden andere Verfahren entwickelt, die den Aufwand durch geeignete Gleichungsauswahl erheblich reduzieren.

Die Bedeutung der Reduzierung der Anzahl der Gleichungen für den Rechenaufwand zur Lösung eines Gleichungssystems wird klar, wenn man berücksichtigt, daß dieser etwa proportional der 3.Potenz der Gleichungsanzahl ist (bzw. sein kann). Eine Reduzierung der Anzahl auf die Hälfte reduziert den Rechenaufwand auf ein Achtel !!
Die rapide Entwicklung der kleinen und großen Rechner in den letzten Jahren bringt allerdings die Frage mit sich, ob eine solche Reduzierung überhaupt noch interessant ist. Sie ist es auf jeden Fall, wenn man parametrische Untersuchungen durchführen möchte, also wenn man mathematische Abhängigkeiten der Ströme von bestimmten Schaltungselementen (Widerstände oder Quellenspannungen) benötigt. Diese Situation kommt bei der Auslegung oder Optimierung von Schaltungen oft vor.

Eins muß jedoch klar bleiben:
Die Zahl der Unbekannten ist immer z (oder $2 \cdot z$, wenn man Ströme **und** Spannungen bestimmen soll). Man kann sie jedoch ausgehend von verschiedenen Gleichungssystemen bestimmen.

6.2 Design von Gleichstromkreisen mit gewünschten Strömen

Man kann sehr leicht Schaltungen auf Papier „basteln“, bei denen alle in den Zweigen auftretenden Ströme, wie auch die Widerstände und die Quellenspannungen, ganze (oder einfache) Zahlen sind.
Mit einer solchen, selbstentwickelten Schaltung kann man schnell und unkompliziert alle Methoden der Netzwerkanalyse üben.
Außerdem ist das auch eine oft in der Praxis vorkommende Fragestellung: Wie erzeugt man gewünschte Ströme, wenn man einen Satz von Widerständen und bestimmte Quellen zur Verfügung hat?

Folgende Erkenntnisse bilden die **theoretische Grundlage** dieser Auslegungsmethode:

1) In einer Schaltung mit **z Zweigen** und **k Knoten** kann man sich immer

$$\boxed{m = z - k + 1}$$

Ströme vorgeben . Die restlichen $(k-1)$ sind abhängig und ergeben sich aus **Knoten**gleichungen (I. Kirchhoffscher Satz).
Bedingung :
In keinem Knoten dürfen **alle** *Ströme vorgegeben werden (mindestens ein Strom ist nicht mehr unabhängig, denn die Summe der Ströme muß Null sein).*

2) Von den **Spannungen** sind dagegen

$$\boxed{k - 1}$$

unabhängig, also dürfen willkürlich **vorgegeben** werden. Die restlichen $m = z - k + 1$ ergeben sich aus **Maschen**gleichungen (II. Kirchhoffscher Satz).
Bedingung :
Auf keinem möglichen geschlossenen Umlauf dürfen **alle** *Spannungen vorgegeben werden (mindestens eine Spannung ist nicht mehr unabhängig, denn die Summe muß Null sein).*

3) Der Spannungsabfall an allen Widerständen ist:

$$\boxed{U = RI} \text{ (Ohmsches Gesetz).}$$

Die Auslegung von Schaltungen geht also von den zwei Kirchhoffschen Sätzen und von dem Ohmschen Gesetz aus.

Es gibt sicherlich viele Möglichkeiten, eine Schaltung mit gewünschten Strömen auszulegen. Hier wird anhand eines Beispiels eine empfehlenswerte Design-Strategie gezeigt. Der Leser soll dadurch animiert werden, sich eigene Schaltungen zusammenzustellen und diese mit allen Methoden der Netzwerkanalyse zu behandeln. Da die Ströme, die Widerstände und die Quellenspannungen alle ganze Zahlen sind, wird man viel Rechenaufwand sparen. Einige von den empfohlenen Schritten kann man sicherlich anders gestalten. Es ist insgesamt eine kreative Beschäftigung mit Gleichstrom- Schaltungen, die auf jeden Fall zum besseren Verständnis der Gesetze dieser Stromkreise führen wird.

Die folgende **Strategie** ist empfehlenswert:

a) **Auswahl einer Konfiguration für die Schaltung**

Ganz am Anfang muß man sich entscheiden, wieviele Zweige und Knoten die Schaltung haben soll und zeichnet dementsprechend eine Skizze (Graph), in der die Zweige numeriert werden sollen.

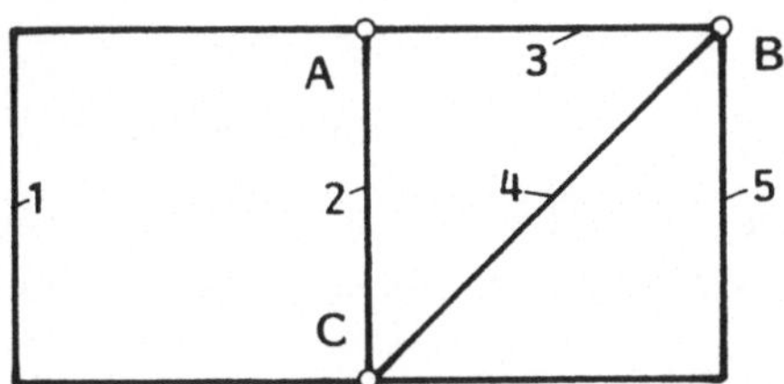

Abbildung 45: Graph der zu entwickelnden Schaltung

Die Abbildung 45 zeigt eine Schaltung mit $z = 5$ Zweigen und $k = 3$ Knoten.

b) **Auswahl der Widerstände in den Zweigen**

Jetzt muß man annehmen, daß man einen Satz von Widerständen zur Verfügung hat, zum Beispiel:

$$R = 1\Omega \text{ und } R = 2\Omega \text{ (und eventuell } R = 0,5\Omega).$$

Möchte man Ströme in der Größenordnung mA erzielen, so sollte man die Widerstände in $k\Omega$ annehmen, zum Beispiel:

$$R = 1k\Omega \text{ und } 2k\Omega.$$

Die Verteilung der Widerstände kann z.B. wie auf Abbildung 46 aussehen.

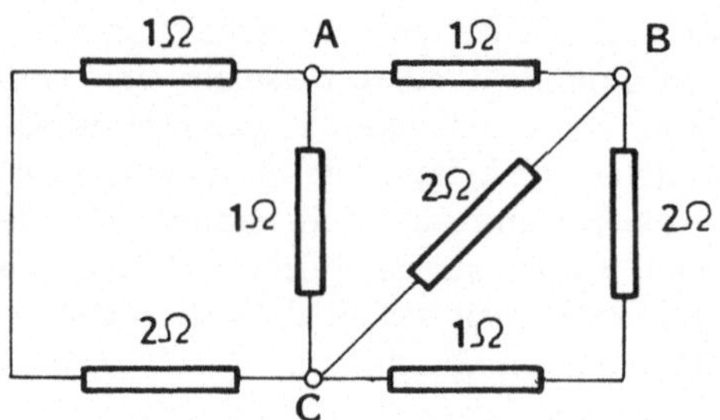

Abbildung 46: Verteilung der Widerstände in den fünf Zweigen

c) **Vorgabe von** $(z-k+1)$ **Strömen und Ermittlung der übrigen** $(k-1)$

In der ausgewählten Schaltung kann man $5-3+1=3$ Ströme vorgeben, allerdings nicht alle in demselben Knoten!
So zum Beispiel kann man in dem Knoten A die Ströme

$$I_1 = 2A \text{ und } I_2 = 1A$$

vorgeben, nicht mehr aber den letzten Strom I_3, denn dieser ist nicht mehr unabhängig. Der dritte vorgegebene Strom kann z.B. im Knoten B

$$I_4 = 2A$$

sein. Die vorgegebenen Ströme sind auf Abbildung 47 (nächste Seite) mit punktierten Pfeilen dargestellt.
Aus Knotengleichungen ergeben sich die übrigen zwei abhängigen Ströme:

$$\begin{array}{lll} \text{Knoten A:} & I_3 = & I_1 - I_2 = 1A \\ \text{Knoten B:} & I_5 = & I_4 - I_3 = 1A. \end{array}$$

Überprüfung im Knoten C:

$$I_1 + I_5 - I_2 - I_4 = 2A + 1A - 1A - 2A = 0.$$

Die I. Kirchhoffsche Gleichung ist in allen Knoten erfüllt.

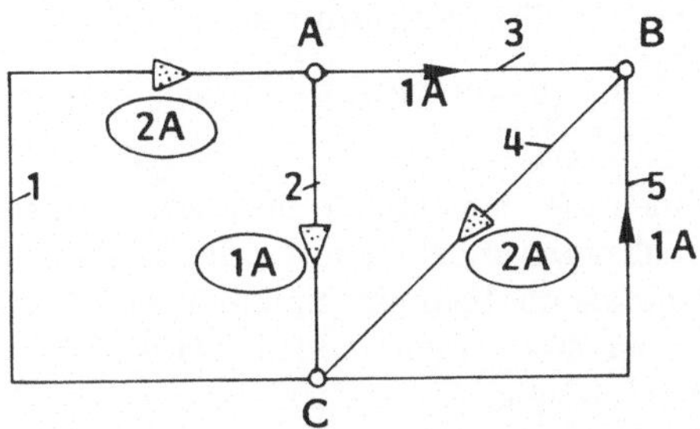

Abbildung 47: Die vorgegebenen unabhängigen Ströme (punktiert) und die abhängigen Ströme

Diese Stromverteilung ist der Ausgangspunkt für die Auslegung der Schaltung. Wählt man hier andere Ströme, so ergeben sich auch andere Quellenspannungen.

Die Bestimmung der Quellen, die zusammen mit den vorgegebenen Widerständen diese Stromverteilung erzeugen, ist der komplizierteste Schritt des Verfahrens.

d) **Berechnung der Spannungsabfälle an den Widerständen**

Die ausgewählten Widerstände (Abbildung 46) und die festgelegte Stromverteilung (Abbildung 47) führen automatisch zu bestimmten Spannungsabfällen an den Widerständen. Es ist empfehlenswert, diese jetzt zu berechnen und in eine Skizze einzutragen (Abbildung 48).

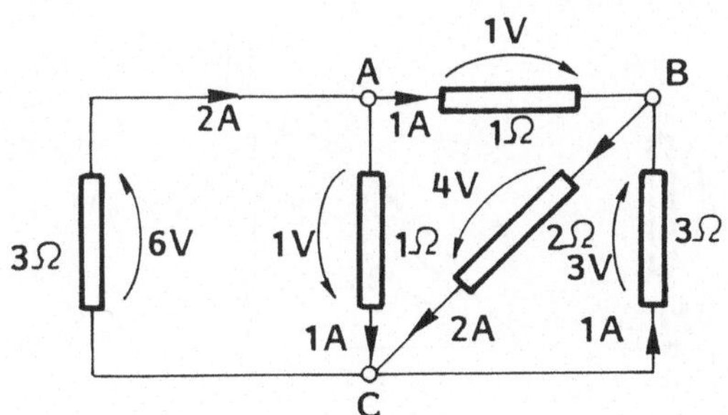

Abbildung 48: Spannungsabfälle an den festgelegten Widerständen

Jeder Spannungsabfall wurde mit Hilfe des Ohmschen Gesetzes $U = RI$ bestimmt. Die Richtungen sind diejenigen der Ströme, die in den betreffenden Widerständen fließen.

e) **Vorgabe von $(k-1)$ Zweigspannungen**

Hier kann man $k-1=2$ Spannungen willkürlich vorgeben, da sie unabhängig von den anderen sind.

Geht man von der Idee aus, daß man die gewünschte Stromverteilung mit möglichst wenigen Quellen realisieren möchte, so erscheint sinnvoll, zwei von den Zweigen **passiv** zu lassen und als unabhängige Spannungen die bereits vorhandenen Spannungsabfälle an diesen Zweigen zu wählen. **Alle** anderen Zweigspannungen sind dann nicht mehr unabhängig.
Welche von den Zweigen passiv sein sollten ist völlig egal. Hier sollten diese zum Beispiel 2 und 5 sein. Ihre Zweigspannungen sind:

$$U_2 = 1V \text{ und } U_5 = 3V.$$

Bemerkung: Die Zweigpaare 1 und 2 oder 4 und 5 darf man nicht annehmen, denn diese bilden geschlossene Umläufe und ihre Zweigspannungen sind somit nicht voneinander unabhängig!

f) **Ermittlung der übrigen $m = z - k + 1$ abhängigen Spannungen und Festlegung der erforderlichen Spannungsquellen**

Die zwei vorgegebenen Zweigspannungen U_2 und U_5 erzwingen alle anderen drei Spannungen U_1, U_3 und U_4.
In der Tat: Die Spannung am Zweig 1 muß ebenfalls $1V$ sein, wie am Zweig 2, denn sie sind parallel geschaltet (siehe Abbildung 49a). Der Spannungsabfall an dem Widerstand des Zweiges 1 beträgt jedoch $6V$ und ist darüber hinaus entgegengerichtet. Um diese Zweigspannung von $6V$ in $1V$ (in die entgegengesetzte Richtung) umzuwandeln, muß man in den Zweig 1 eine Spannungsquelle von $7V$ anbringen (siehe Abbildung 49 a).

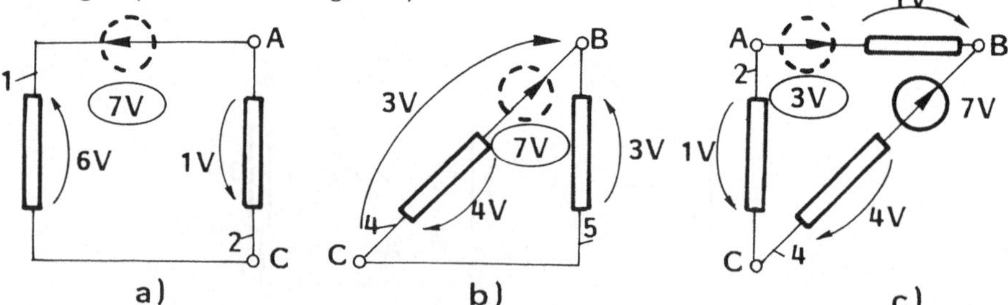

Abbildung 49: Festlegung der erforderlichen Quellenspannungen

Jetzt gilt für die von den Zweigen 1 und 2 gebildete Masche die Umlaufgleichung:

$$6V + 1V - 7V = 0.$$

Weiter muß auch die Spannung U_4 gleich U_5 sein, denn auch diese Zweige liegen parallel (siehe Abbildung 49 b). Die Summe der vorhandenen Spannungsabfälle ist:

$$4V + 3V = 7V.$$

Auch in den Zweig 4 muß eine Quelle von $7V$ angebracht werden, damit die Spannung am diesem Zweig gleich U_5 wird:

$$U_4 = 7V - 4V = 3V = U_5.$$

Schließlich muß auch noch der Zweig 3 behandelt werden. Mit diesem Zweig kann man verschiedene Maschen bilden, wie die Abbildung 50 zeigt.

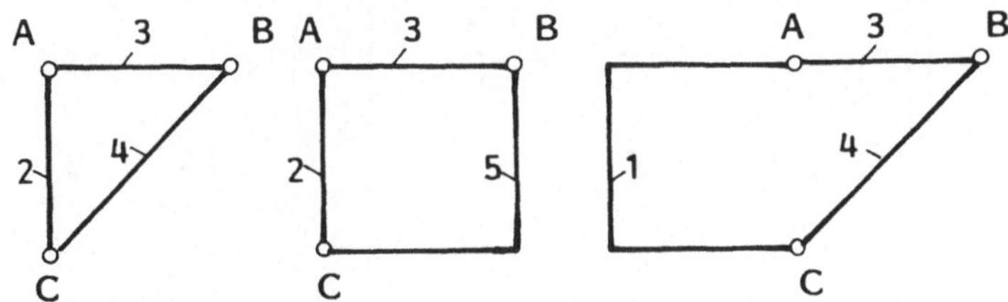

Abbildung 50: Mögliche Maschen, die den Zweig 3 enthalten

Entscheidet man sich für die erste Masche (2,3,4), so entsteht die Situation, die in der Abbildung 49 c) gezeigt wird. Die Summe der vorhandenen Spannungen ist:

$$7V - 4V - 1V + 1V = 3V.$$

Um die Umlaufgleichung zu befriedigen (Summe aller Teilspannungen ist gleich Null) fehlt also eine Spannung von $3V$. In der Abbildung 49 c) ist eine Quelle von $3V$ in den Zweig 3 eingezeichnet worden, die zur Erfüllung der Umlaufgleichung führt. Man ersieht, daß diese Quelle als Verbraucher arbeiten würde, denn der Strom I_3 fließt in dieselbe Richtung wie die erforderliche Spannung. Dann kann man statt einer Quelle einen Widerstand von 3Ω einsetzen. Somit bleibt auch der Zweig 3 passiv und man hat die gewünschte Stromverteilung mit nur zwei Spannungsquellen erzielt.

g) Eventuelle „kosmetische“ Verbesserungen

Das beschriebene Verfahren führt zu bestimmten Quellenspannungen, die sich aus den Umlaufgleichungen ergeben und somit nicht beeinflußt werden können.

Was kann man jedoch tun, wenn man exakt diese benötigten Spannungsquellen nicht zur Verfügung hat? Dann fängt eine Arbeit an, die in kleinen Schritten die Schaltung immer weiter verbessert, bis man eine optimale Lösung gefunden hat. Selbstverständlich muß man dabei **Kompromisse** schließen und auf bereits gewählte Widerstände oder Ströme verzichten. Hier kommen die Fantasie und die Geschicklichkeit des Entwicklers ins Spiel.

In dem hier betrachteten Falle nehmen wir an, daß nur Spannungsquellen von $6V$ und nicht von $7V$ zur Verfügung stehen. Die Stromverteilung soll fest sein, die kann man nicht mehr verändern. Dann muß man gezwungenermaßen Widerstände verändern. Man sieht nach, ob dies mit dem vorhandenen Satz möglich ist. Auf Abbildung 51 wird gezeigt, wie man den Zweig 1 behandelt.

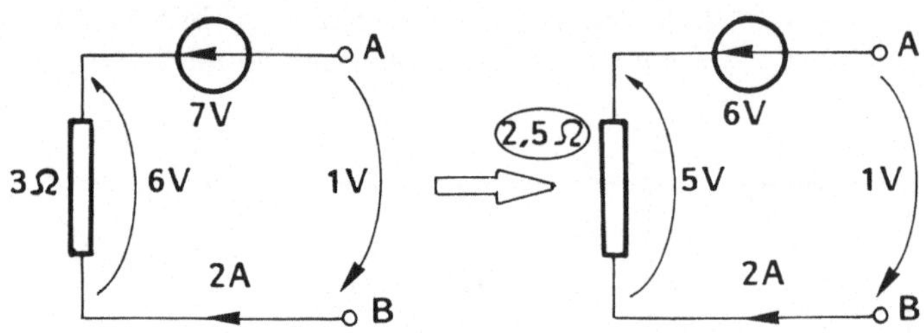

Abbildung 51: Umwandlung der $7V$-Quelle im Zweig 1 in eine $6V$-Quelle

Will man die Quellenspannung von $7V$ auf $6V$ herunter bringen, so muß der Spannungsabfall an dem Widerstand von 1Ω ebenfalls um $1V$ verringert werden, also von $6V$ auf $5V$. Da der Strom im Zweig 1 $2A$ beträgt, muß der neue Widerstand $2,5\Omega$ sein. Hat man Widerstände von 0,5 ohm zur Verfügung, so hat man dieses Problem gelöst.

Ähnlich verfährt man mit dem Zweig 4 (siehe Abbildung 52). Hier muß der Widerstand von 2Ω in $1,5\Omega$ umgewandelt werden.

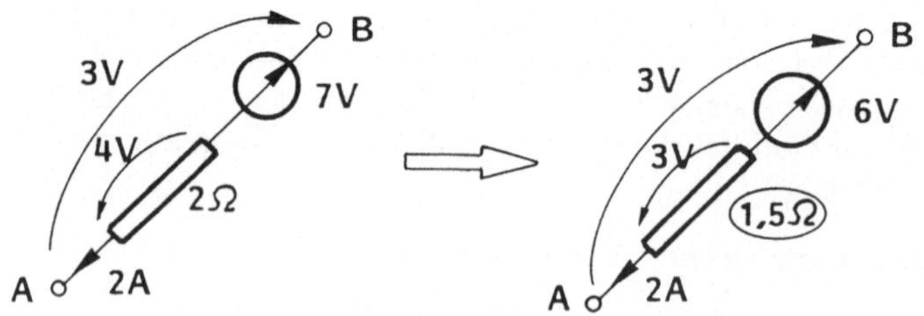

Abbildung 52: Behandlung des Zweiges 4

h) **Endgültige Schaltung; Überprüfung**

Ist man mit den erzielten Werten für Widerstände und Quellenspannungen zufrieden, so sollte man die endgültige Schaltung zeichnen (Abbildung 53) und einige Überprüfungen durchführen.

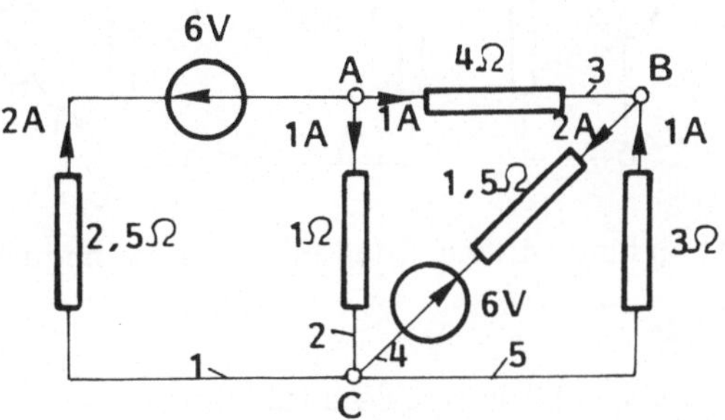

Abbildung 53: Endgültige Schaltung

Die sicherste ist die Leistungsbilanz. Ist dies zu umständlich, so kann man einige Spannungen überprüfen. Zum Beispiel muß die Umlaufgleichung auch auf der großen, äußeren Masche erfüllt werden:

$$6V - 5V + 3V - 4V = 0.$$

Die Spannung zwischen den Knoten B und C kann auf vier verschiedenen Wegen geschrieben werden und muß jedesmal dieselbe sein:

- direkt über den Zweig 4: $3V - 6V = -3V$
- direkt über den Zweig 5: $-3V$
- B - A - C: $-4V + 1V = -3V$
- B - A - Zweig 1 - C: $-4V + 6V - 5V = -3V$.

Die Schaltung ist o.k.!

i) **Eventuelle Einführung von Stromquellen**

Hat man auch Stromquellen zur Verfügung (oder möchte man auch damit üben), so kann man eine (oder gegebenenfalls mehrere) Spannungsquellen in Stromquellen umwandeln. Die Abbildung 54 zeigt die Umwandlung der Quelle aus dem Zweig 4 und die daraus resultierende Schaltung.
Man sollte hier nochmals die Ströme überprüfen:

$$\text{Knoten B:}\quad -1A + 4A - 2A - 1A = 0$$
$$\text{Knoten C:}\quad 1A - 1A + 2A + 2A - 4A = 0.$$

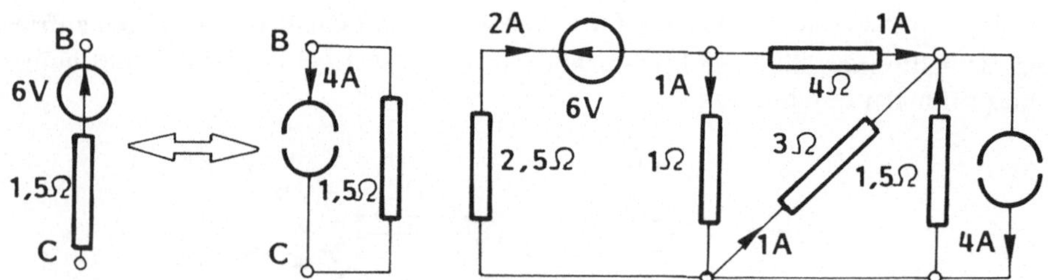

Abbildung 54: Schaltung mit einer Stromquelle

Eine Anregung für eine kompliziertere Schaltung (die man erst nach dem erfolgreichen Design einer einfachen Schaltung in Angriff nehmen sollte!) ist auf Abbildung 55 gezeigt. Hier können vier Ströme vorgegeben werden ($z = 8$, $k = 5$, $m = 4$).

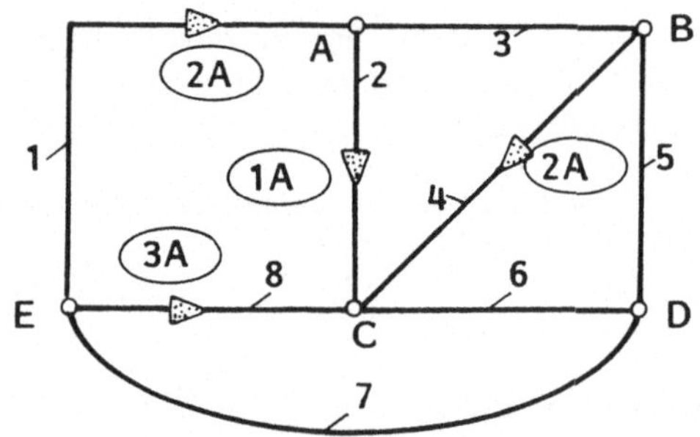

Abbildung 55: Schaltung mit 8 Zweigen und 5 Knoten und die vorgegebene Stromverteilung

Man kann zum Beispiel die drei vorherigen Ströme und dazu noch den Strom im Zweig 8 (z.B.: $3A$) vorgeben. Auf der Abbildung 55 ist die sich daraus ergebene Stromverteilung gezeigt.

Mit der selbstentwickelten Schaltung kann man ohne sehr großen Rechenaufwand die Methoden der Netzwerkanalyse üben. Die Anwendung der Kirchhoffschen Gleichungen wurde bereits bei der Entwicklung der Schaltung genügend geübt. Jetzt kann man die Ströme in den passiven Zweigen mit den Theoremen der Ersatzquellen überprüfen. In den nächsten Abschnitten werden noch drei wichtige Methoden der Netzwerkanalyse erläutert, deren Anwendung mit der selbstentwickelten Schaltung geübt werden kann.

6.3 Überlagerungssatz und Reziprozitätssatz

6.3.1 Überlagerungssatz (Superpositionsprinzip nach Helmholtz)

Ist ein Netzwerk **linear**, so besteht zwischen einem beliebigen Strom und einer beliebigen Quellenspannung ein linearer Zusammenhang. So wird in der Schaltung nach Abbildung 56 der Strom I_3 eine lineare Funktion von den zwei Quellenspannungen sein:

$$I_3 = k_1 \cdot U_{q_1} + k_2 \cdot U_{q_2}$$

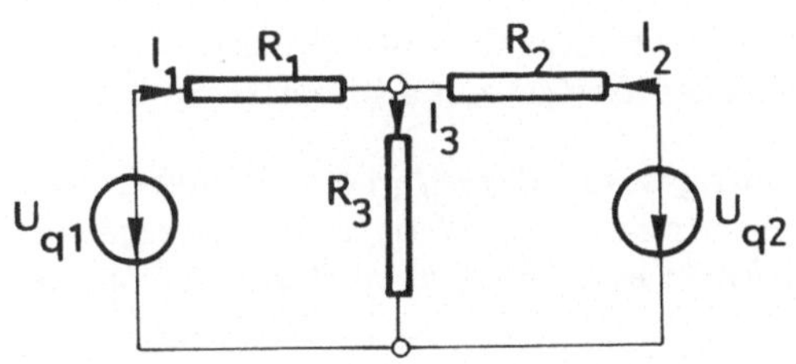

Abbildung 56: Schaltung mit zwei Spannungsquellen

Dann kann man I_3 auch folgendermaßen bestimmen:

Man kann den Strom $I_3^{(1)}$ berechnen, der sich ergeben würde, wenn nur die Quelle 1 vorhanden wäre, die Quelle 2 dagegen kurzgeschlossen:

$$I_3^{(1)} = k_1 \cdot U_{q_1} \; .$$

Anschließend berechnet man den Strom, der sich ergeben würde, wenn die Quelle 1 kurzgeschlossen und nur die Quelle 2 vorhanden wäre:

$$I_3^{(2)} = k_2 \cdot U_{q_2} \; .$$

Der tatsächlich im Zweig 3 fließende Strom ergibt sich als Summe der beiden Stromanteile:

$$I_3 = I_3^{(1)} + I_3^{(2)} \; .$$

Das Überlagerungsverfahren führt in Netzen mit vielen aktiven Zweipolen zu unter Umständen großen Vereinfachungen. Es darf für die Ströme und Spannungen, **jedoch nicht für Leistungen** benutzt werden.

Im Allgemeinen verfährt man folgendermaßen:

1. Alle Quellen bis auf **eine** werden als energiemäßig nicht vorhanden angesehen: bei Spannungsquellen wird $\boldsymbol{U_q} = \mathbf{0}$, bei Stromquellen $\boldsymbol{I_q} = \mathbf{0}$ gesetzt. In jedem Fall bleibt der **Innenwiderstand** wirksam !
2. Mit der einzig wirksamen Quelle berechnet man die **Teilströme** in den Zweigen.
3. Man läßt **alle Quellen nacheinander** wirksam sein und berechnet jedes Mal die Verteilung der Teilströme.
4. Die Teilströme werden unter Beachtung ihrer Zählrichtung in jedem Zweig zu dem tatsächlichen Zweigstrom **addiert**.

Satz 21 Überlagerungssatz: *Wirken in einem linearen Netz* **n** *Zweipolquellen, so erhält man die gesamte Stromverteilung durch Überlagerung der* **n** *Stromverteilungen, die sich ergeben, wenn der Reihe nach nur je eine der* **n** *Quellen* **alleine** *wirksam ist.*

Beispiel :

In der Schaltung in Abbildung 56 sollen alle Zweigströme durch Anwendung des Überlagerungssatzes berechnet werden.

Es gilt: $U_{q1} = 100V$, $U_{q2} = 80V$, $R_1 = 10\Omega$, $R_2 = 2\Omega$, $R_3 = 15\Omega$

Zuerst schließt man die Quelle U_{q_2} kurz, und läßt nur U_{q_1} wirken:

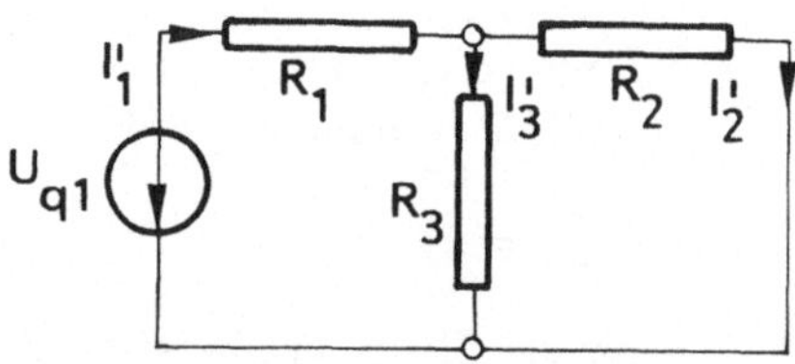

Der Gesamtstrom ist:

$$I_1' = \frac{U_{q_1}}{R_1 + \dfrac{R_2 \cdot R_3}{R_2 + R_3}} = \frac{100\,V}{\left(10 + \dfrac{2 \cdot 15}{2 + 15}\right)\,\Omega} = 8,5\,A\ .$$

Die beiden anderen Teilströme bestimmt man mit der Stromteilerregel:

Fortsetzung des Beispiels :

$$I_2' = I_1' \cdot \frac{R_3}{R_2 + R_3} = 8,5\,A \cdot \frac{15\,\Omega}{17\,\Omega} = 7,5\,A$$

$$I_3' = I_1' \cdot \frac{R_2}{R_2 + R_3} = 8,5\,A \cdot \frac{2\,\Omega}{17\,\Omega} = 1\,A$$

Jetzt wirkt U_{q_2} und U_{q_1} ist kurzgeschlossen:

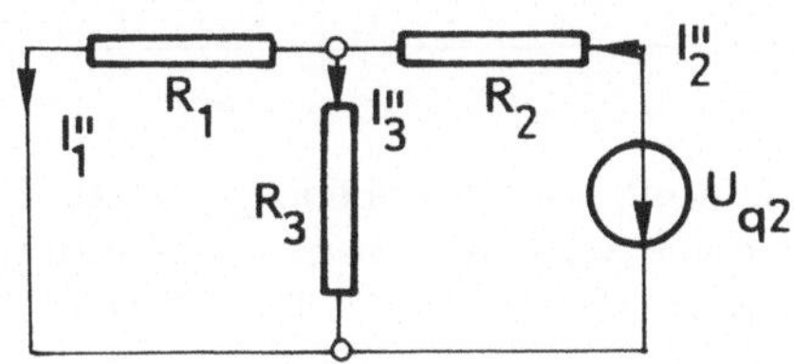

$$I_2'' = \frac{U_{q_2}}{R_2 + \dfrac{R_1 \cdot R_3}{R_1 + R_3}} = \frac{80\,V}{\left(2 + \dfrac{10 \cdot 15}{10 + 15}\right)\,\Omega} = 10\,A$$

$$I_1'' = I_2'' \cdot \frac{R_3}{R_1 + R_3} = 10\,A \cdot \frac{15}{25} = 6\,A$$

$$I_3'' = I_2'' \cdot \frac{R_1}{R_1 + R_3} = 10\,A \cdot \frac{10}{25} = 4\,A$$

Durch Superposition ergeben sich die drei tatsächlichen Ströme:

$$I_1 = I_1' - I_1'' = 8,5\,A - 6\,A = 2,5\,A$$

$$I_2 = I_2' - I_2'' = -7,5\,A + 10\,A = 2,5\,A$$

$$I_3 = I_3' - I_3'' = 1\,A + 4\,A = 5\,A$$

Das Überlagerungsverfahren ist sowohl in der Energietechnik (z.B. Parallelschaltung von Generatoren), als auch in der Nachrichtentechnik anwendbar.
Der Nachteil, so viele Stromverteilungen berechnen zu müssen, wie Quellen im Netz vorhanden sind, wird durch die sehr einfache Gestaltung der zu überlagernden Stromverteilungen kompensiert.

Bemerkung: Mann kann auch **Gruppen** von Quellen wirken lassen. Zum Beispiel: Wenn im Netz fünf Quellen wirken, kann man zwei Stromverteilungen berechnen, einmal mit zwei Quellen, ein zweites Mal mit den übrigen drei Quellen und diese anschließend überlagern.

6.3.2 Reziprozitäts–Satz

In linearen Netzwerken mit einer **einzigen** Quelle gilt der Satz:

Satz 22 *Der Strom, den eine sich im Zweig j befindende Quelle im Zweig k erzeugt, ist gleich dem Strom, den dieselbe Quelle, wenn sie in den Zweig k versetzt wird, im Zweig j erzeugt, falls alle Widerstände unverändert bleiben.*

Manchmal kann eine solche Versetzung der Quelle Vereinfachungen bringen.

Beispiel :

In der folgenden Schaltung erzeugt die einzige Quelle U_{q_2} in dem Widerstand R_1 den Strom I_1', der sich aus dem Gesamtstrom ergibt.
Es gilt: $U_{q2} = 80V$, $R_1 = 10\Omega$, $R_2 = 2\Omega$, $R_3 = 15\Omega$.

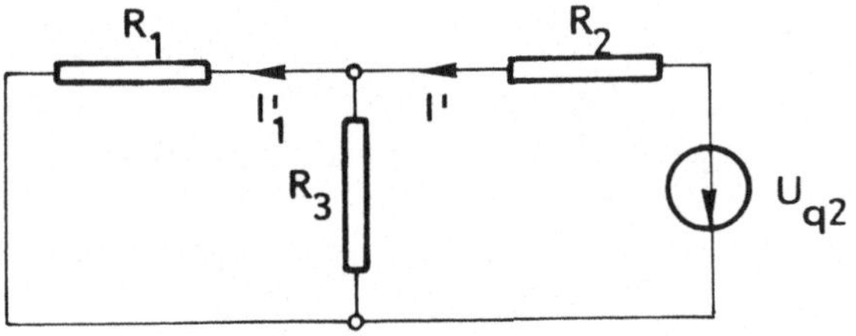

R1 R2 I'1 I' R3 Uq2

$$I' = \frac{U_{q_2}}{R_2 + \dfrac{R_1 \cdot R_3}{R_1 + R_3}} = \frac{80\,V}{\left(2 + \dfrac{10 \cdot 15}{10 + 15}\right)\,\Omega} = 10\,A$$

Der Strom I_1' ergibt sich aus der Stromteilerregel:

$$I_1' = I' \cdot \frac{R_3}{R_1 + R_3} = 10\,A \cdot \frac{15}{25} = 6\,A$$

Versetzt man die Quelle in den Zweig 1, so erzeugt sie in dem urspünglichen Zweig 2 den Strom

$$I'' = I_1'' \cdot \frac{R_3}{R_2 + R_3} = \frac{U_{q_2}}{R_1 + \dfrac{R_2 \cdot R_3}{R_2 + R_3}} \cdot \frac{R_3}{R_2 + R_3} = \frac{U_{q_2} \cdot R_3}{R_1\,R_2 + R_1\,R_3 + R_2\,R_3}$$

$$I'' = \frac{80\,V \cdot 15\,\Omega}{10\,\Omega \cdot 2\,\Omega + 10\,\Omega \cdot 15\,\Omega + 2\,\Omega \cdot 15\,\Omega} = \frac{1200}{200}\,A = 6\,A$$

In dem vorherigen Beispiel war der Rechenaufwand zur Bestimmung des Stromes genau so groß mit wie auch ohne Verwendung der Reziprozität. Ein anderes Beispiel soll zeigen, daß mit dem Reziprozitäts–Satz auch einfacher gerechnet werden kann:

Beispiel :

Im folgenden Schaltbild ist der Strom I_3 zu berechnen.
Es gilt: $U_q = 7V$, $R_1 = 10\Omega$, $R_2 = 10\Omega$, $R_3 = 2\Omega$.

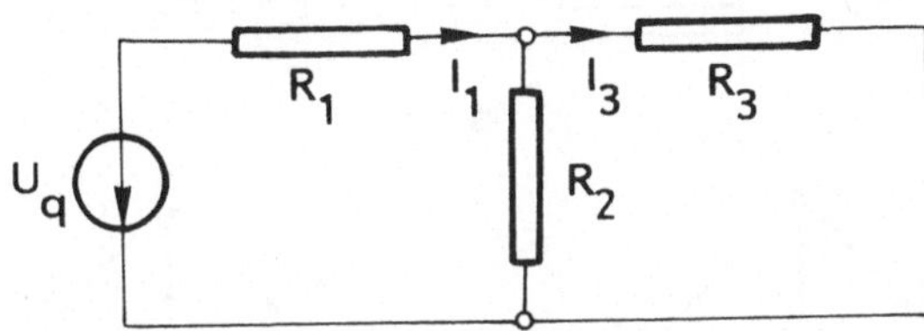

Da $R_2 \neq R_3$, aber $R_1 = R_2$, wird es einfacher sein, die Quelle in den Zweig 3 zu bringen und den Strom durch R_1 zu berechnen:

$$I_3 = I_1'$$

$$I_3 = \frac{1}{2} \cdot \frac{U_q}{R_3 + \frac{R_1}{2}} = \frac{1}{2} \cdot \frac{7\,V}{2\,\Omega + 5\,\Omega} = 0,5\,A$$

Mit der ursprünglichen Schaltung wäre gewesen:

$$I_3 = \frac{R_2}{R_2 + R_3} \cdot \frac{U_q}{R_1 + \frac{R_2 \cdot R_3}{R_2 + R_3}} = \frac{2\,\Omega}{12\,\Omega} \cdot \frac{7\,V}{10\,\Omega + \frac{10 \cdot 2}{10 + 2}\,\Omega} = \frac{2\,\Omega \cdot 7\,V}{(120 + 20)\,\Omega} = 0,5\,A$$

6.4 Topologische Grundbegriffe beliebiger Netze

Um die Topologie[18] eines Netzes untersuchen zu können, definieren wir einige Grundbegriffe:

- Die rein geometrische Anordnung des Netzes nennt man Streckenkomplex oder **Graph**. Sind in den Graph die Zählpfeile für die Zweigströme (und somit auch für die entsprechenden Spannungen) eingetragen, so ist er ein **gerichteter Graph**.
  Die Abbildung 57 zeigt eine Brückenschaltung (a), ihren Graph (b) und ihren gerichteten Graph (c).

[18] Topologie ist aus dem Griechischen abgeleitet, und bedeutet Struktur

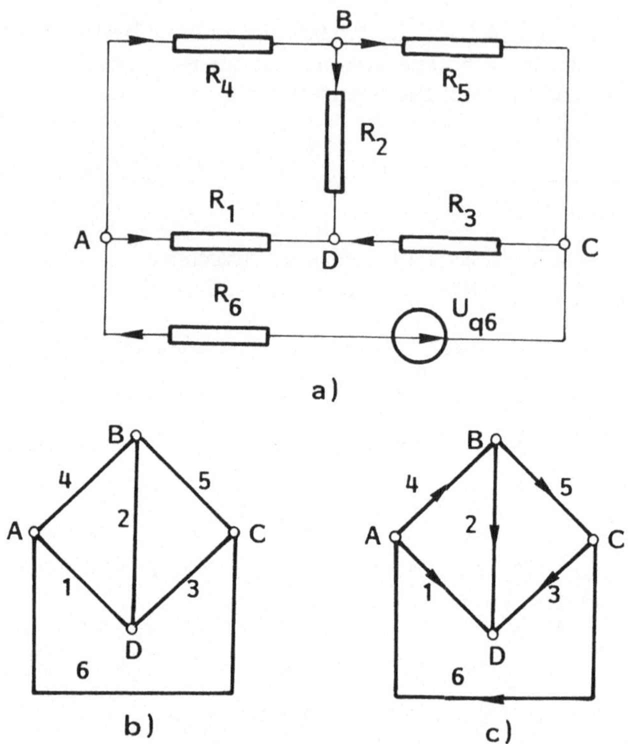

Abbildung 57: a) Brückenschaltung, b) Graph, c) gerichteter Graph

- Ein System von Zweigen, das **alle** Knoten miteinander verbindet, **ohne** daß geschlossene Maschen entstehen dürfen, nennt man einen **vollständigen Baum**.
  Zwischen zwei Knoten soll sinnvollerweise nur ein Zweipol liegen. Treten Reihen- oder Parallelschaltungen mehrerer Zweipole zwischen zwei Knoten auf, so sollten diese durch ihren Ersatzzweipol ersetzt werden. Dies ist jedoch **keine** Bedingung.
  Man ersieht leicht, daß der vollständige Baum immer $\boldsymbol{k-1}$ Zweige hat, also genau so viele, wie die unabhängigen Knotenpunktgleichungen (bei k Zweigen würde eine geschlossene Masche entstehen).
  Die Abbildung 58 zeigt zwei vollständige Bäume für die Schaltung 57 a). Die dritte Zusammenfassung von Zweigen ist kein vollständiger Baum, weil die Zweige eine geschlossene Masche bilden.

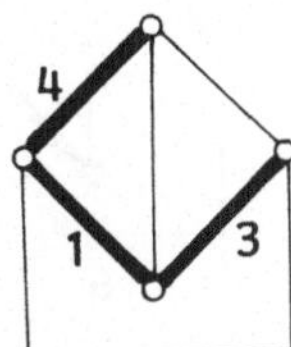

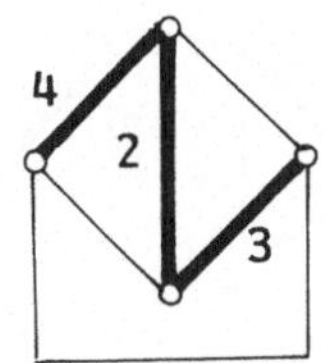

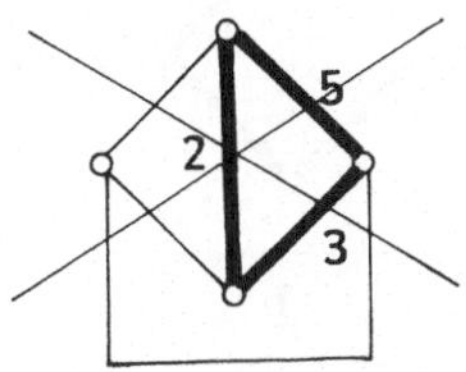

Abbildung 58: Beispiele für vollständige Bäume der Brückenschaltung

- Die Zweige des vollständigen Baumes nennt man die **Baumzweige**, die übrigen $z - k + 1$ Zweige die **Verbindungszweige**. Diese letzten sind besonders wichtig; sie bilden ein System von **unabhängigen** Zweigen.
  Also: Baumzweige sind abhängig, Verbindungszweige sind unabhängig.
- Die $m = z - k + 1$ unabhängigen Zweige bilden mit weiteren Baumzweigen m **unabhängige Maschen**.

Beispiel :

Auswahl aller vollständigen Bäume für die Wheatstone–Brücke. Wieviele sind es?

Die sechs Zweige müssen in 3er–Gruppen geschaltet werden. Die mathematische Formel dafür ist:

$$C_6^3 = \frac{6!}{3! \cdot (6-3)!} = \frac{6 \cdot 5 \cdot 4 \cdot 3 \cdot 2}{3 \cdot 2 \cdot 3 \cdot 2} = 20$$

Daraus müssen diejenigen Gruppen ausgeschlossen werden, die geschlossene Maschen bilden und somit einen Knoten nicht berühren.
Der beste Weg ist, sich nacheinander zwei unabhängige Zweige auszusuchen (z.B. zunächst die Zweige 2 und 6, dann die Zweige 4 und 5, usw.). Von den 20 Kombinationsmöglichkeiten á je drei Zweige fallen die vier weg, die geschlossene Maschen bilden und je einen Knoten nicht berühren. In der Abbildung auf der nächsten Seite sind alle möglichen vollständigen Bäume skizziert. Man sieht, daß die Nummern 8, 11, 13 und 20 herausfallen.
Wie man aus diesen vielen Möglichkeiten den günstigsten Baum auswählt, wird man weiter sehen. Einige Empfehlungen sind nützlich, doch kann man sie leider oft nicht gleichzeitig befolgen.

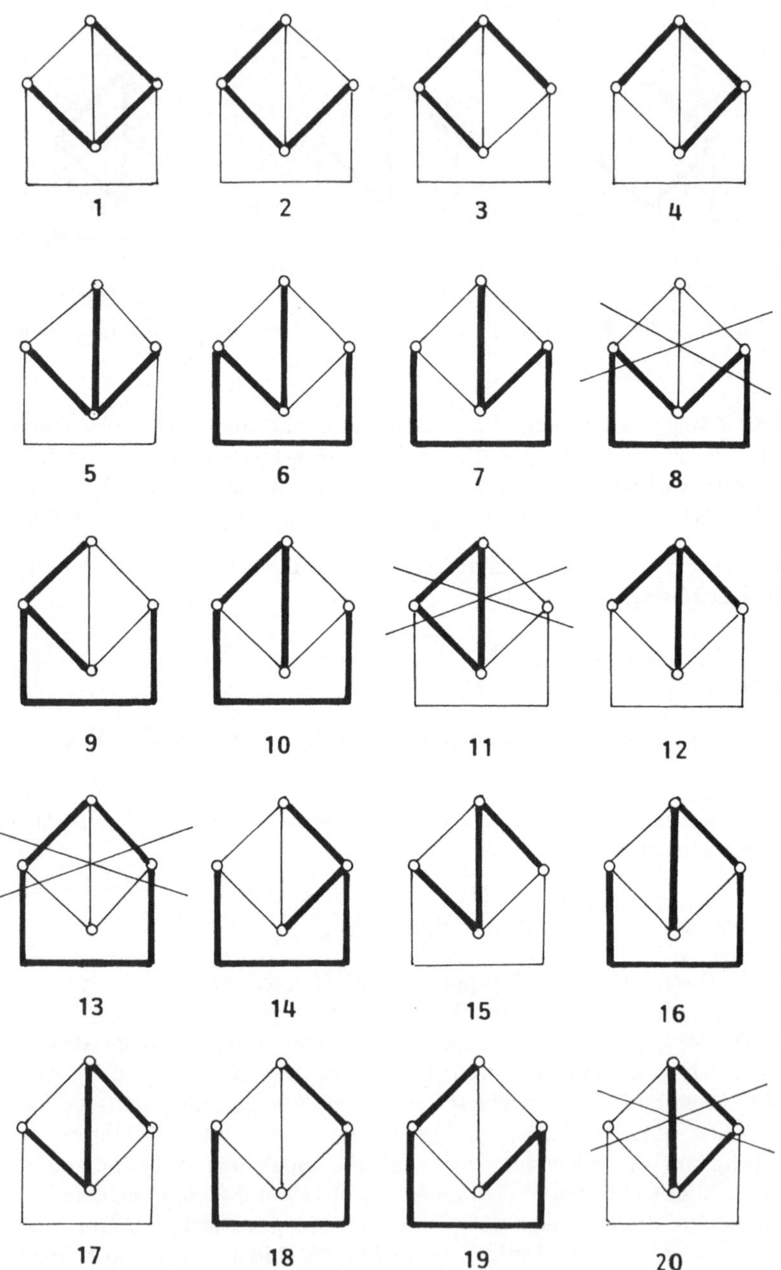
1
2
3
4
5
6
7
8
9
10
11
12
13
14
15
16
17
18
19
20

6.5 Maschenanalyse (Umlaufanalyse, Maschenstromverfahren)

6.5.1 Unabhängige und abhängige Ströme

Zur Bestimmung aller Ströme (oder Spannungen) eines Netzwerkes aus den Kirchhoffschen Gleichungen muß man ein Gleichungssystem mit z Gleichungen lösen. Man erhält $k-1$ Knotenpunktgleichungen und $m = z-k+1$ Maschengleichungen. Jedes Verfahren der Netzanalyse muß also z Unbekannte bestimmen.

Die Maschenanalyse zerlegt die Aufgabe in zwei Teilschritte, um den Rechengang zu vereinfachen: die z Ströme werden in **„abhängige"** und **„unabhängige"** Ströme eingeteilt. Es wird zunächst ein Gleichungssystem für die unabhängigen Ströme aufgestellt und gelöst, die abhängigen ergeben sich anschließend sehr einfach.

Welche Ströme sind **unabhängig**, welche **abhängig**?

Dazu kehren wir zum vollständigen Baum zurück, der immer $k-1$ Zweige hat, die Baumzweige. Die übrigen $m = z-k+1$ Zweige sind die Verbindungszweige. Jetzt sieht man gleich, daß wenn man jeden Verbindungszweig mit beliebigen Baumzweigen (**nicht anderen** Verbindungszweigen!) zu einem Umlauf schließt, man genau $m = z-k+1$ Umläufe erhält. Das sind die unabhängigen Maschen, die aus der 2. Kirchhoffschen Gleichung zur Verfügung stehen. Die Ströme in den Verbindungszweigen sind tatsächlich unabhängig von den Strömen in den übrigen Verbindungszweigen, denn in jeder so gebildeten Masche fließt nur **ein** Verbindungsstrom, der vorgegeben werden kann.

Für jeden vollständigen Baum gibt es nur **eine** Möglichkeit der Maschenbildung. Die Regel zur Aufstellung der m unabhängigen Maschen lautet:

Satz 23 *Man verbindet jeweils einen Verbindungszweig mit Baumzweigen zu einem geschlossenen Umlauf. In diesem Umlauf dürfen nie mehrere Verbindungszweige sein!!*

Wir betrachten die ersten vier Bäume aus der Abbildung auf Seite 114 und wählen für jeden Baum die drei unabhängigen Maschen.

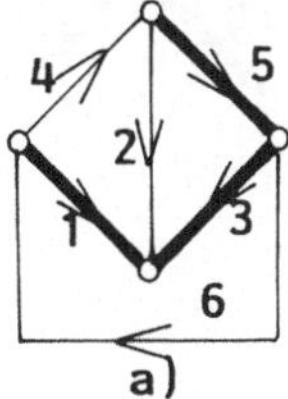

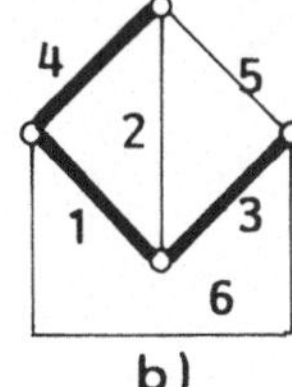

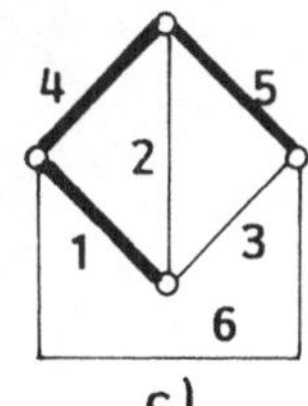

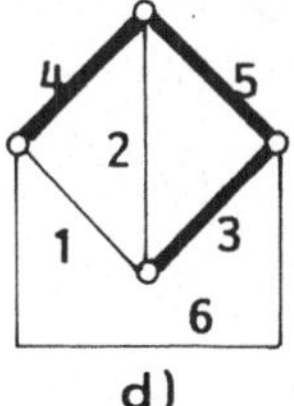

Abbildung 59: Vier vollständige Bäume für die Brückenschaltung

Bei dem ersten Baum (a) sind die Ströme in den Verbindungszweigen 2,4,6 unabhängig. In den drei ausgewählten Maschen kommt jeweils nur ein solcher Strom vor (siehe Abbildung 60).

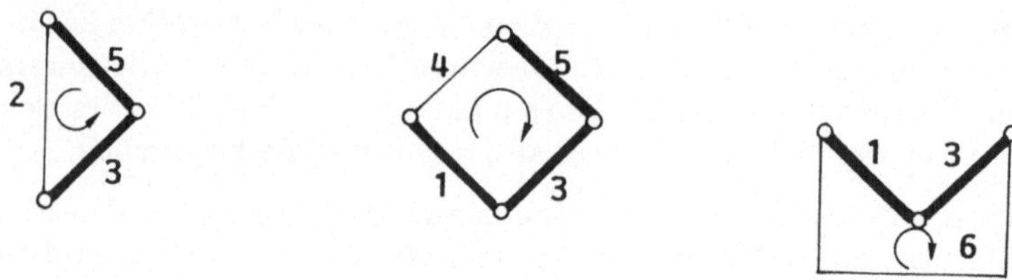

Abbildung 60: Unabhängige Maschen für den vollständigen Baum 59 a)

In dem Baum b) Abbildung 59 sind unabhängig die Zweige: 2, 5 und 6. Ihre Maschen sind auf Abbildung 61 gezeigt.

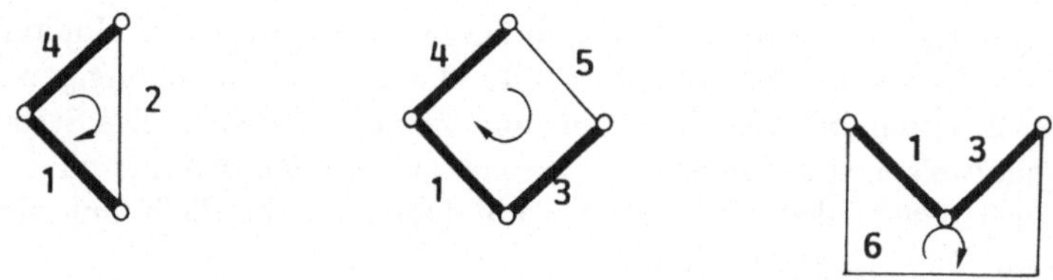

Abbildung 61: Unabhängige Maschen für den vollständigen Baum 59 b)

Der Baum c) (siehe Abbildung 59) weist als unabhängig die Zweige: 2, 3, 6 auf. Die entsprechenden Maschen zeigt die Abbildung 62.

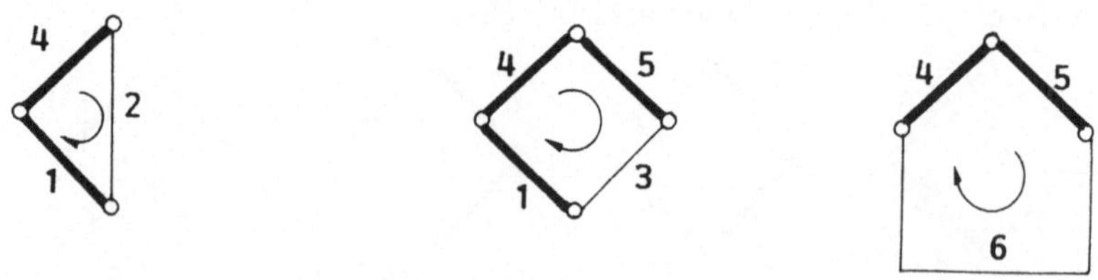

Abbildung 62: Unabhängige Maschen für den vollständigen Baum 59 c)

Schließlich zeigt die Abbildung 63 die unabhängigen Maschen des Baumes d).

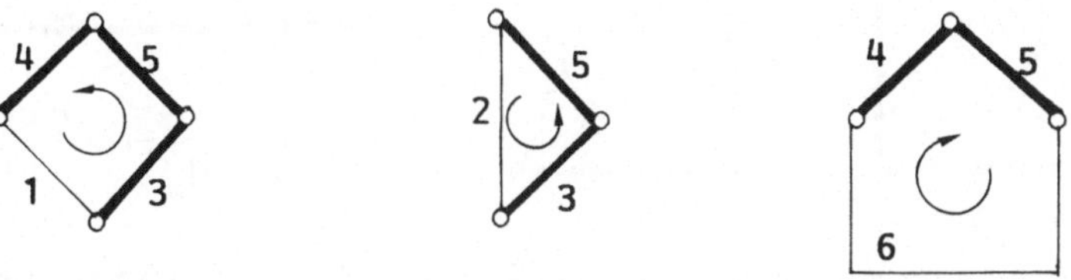

Abbildung 63: Unabhängige Maschen für den vollständigen Baum 59 d)

Die Wahl des vollständigen Baumes bedeutet also auch die **eindeutige Wahl** der m **unabhängigen Maschen**.

Zum Verständnis des Maschenstromverfahrens kehren wir zurück zu der Wheatstone–Brücke, die wir mit den Kirchhoffschen Gleichungen gelöst haben. Der Graph, der gerichtete Graph und der **ausgewählte** Baum sind in der Abbildung 64 dargestellt.

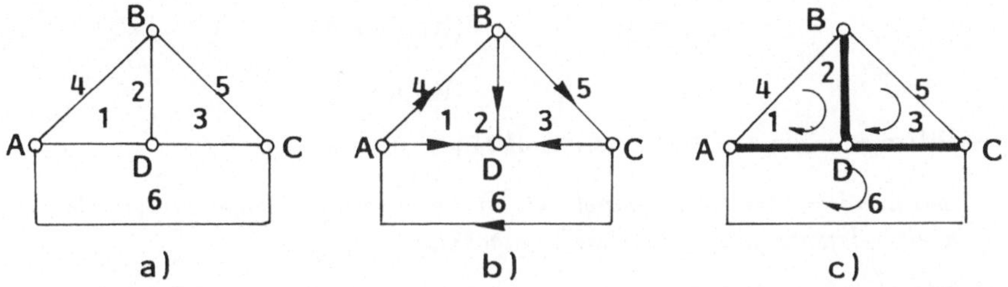

Abbildung 64: a) Graph, b) gerichteter Graph, c) vollständiger Baum

Die Wahl des sternförmigen Baumes der Abbildung 64c) mit den Zweigen 1,2,3 bedeutet, daß diese Ströme eliminiert, also abhängig gemacht worden sind. Die drei unabhängigen Maschen sind jetzt eindeutig festgelegt; sie erhalten die Namen der jeweiligen unabhängigen Ströme: 4,5,6.

Das Maschenstromverfahren geht von dem Gedankenmodell aus, daß die unabhängigen Ströme als „Maschenströme" nur jeweils die zugehörige Masche durchfließen. In Abbildung 65 sind diese Maschenströme eingezeichnet.

Man muß verstehen, daß diese Situation in Wirklichkeit nicht auftritt: In den Baumzweigen fließen andere Ströme, nur in den Verbindungszweigen fließen tatsächlich die unabhängigen Maschenströme.

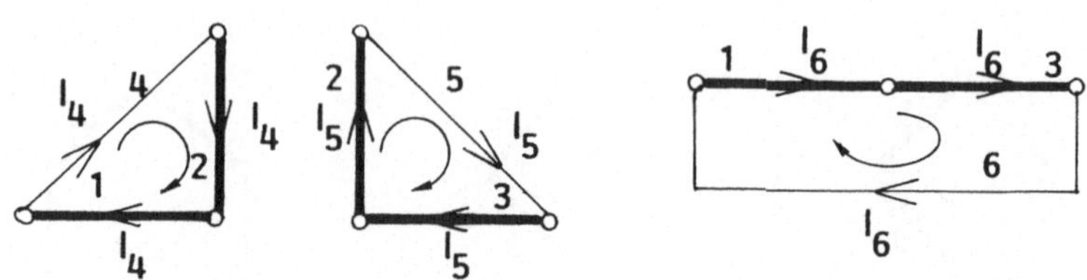

Abbildung 65: Die unabhängigen Maschen von Abbildung 64c)

Die abhängigen Ströme ergeben sich durch die Überlagerung der Maschenströme, die durch den betreffenden Baumzweig fließen.[19] Zum Beispiel fließen durch den Baumzweig 2 die Maschenströme I_4 (in der Zählrichtung des Zweiges 2) und I_5 (entgegen der Zählrichtung). Es gilt also:

$$I_2 = I_4 - I_5 \ .$$

Dies ist genau die Knotenpunktgleichung für den Knoten B.
Genauso ergeben sich:

$$I_1 = I_6 - I_4 \qquad \text{(Knoten A)}$$

$$I_3 = I_5 - I_6 \qquad \text{(Knoten C)}$$

Empfehlungen *zur Aufstellung des vollständigen Baumes:*

- *Spannungsquellen sollen möglichst in Verbindungszweigen liegen, damit sie in die Gleichungen nur ein Mal eingehen.*
- *Wird nur ein Teil der Ströme gesucht, sollten diese möglichst in Verbindungszweigen fließen, also unabhängig sein.*
- *Die unabhängigen Maschen sollen möglichst wenig Zweige enthalten.*

In der Praxis wird nicht immer möglich sein, alle diese Empfehlungen gleichzeitig zu befolgen. Man muß sich dann entscheiden, auf welchen Vorteil man verzichten kann.
Im Grunde sind alle Bäume gleichwertig, denn alle führen zu den korrekten Strömen. Die obigen Empfehlungen sollen nur eine Hilfe bei der Entscheidung leisten, welchen von den vielen möglichen vollständigen Bäumen (allein 16 bei der Wheatstone-Brücke!) man auswählt.

[19] Diese Methode ist nur bei linearen Netzen anwendbar

6.5.2 Aufstellung der Umlaufgleichungen

Die unabhängigen Ströme können aus den drei Umlaufgleichungen bestimmt werden. Diese wollen wir analysieren und deuten.

Betrachten wir die Wheatstone–Brücke une eine der drei Gleichungen, die sich durch Anwendung der Kirchhoffschen Gleichungen ergeben hat (Seite 97):

$$-R_1 \cdot I_4 - R_3 \cdot I_5 + (R_1 + R_3 + R_6) \cdot I_6 = U_{q6} \tag{83}$$

Wenn I_6 nur durch die untere Masche fließt (siehe die Abbildung 66 links), ver-

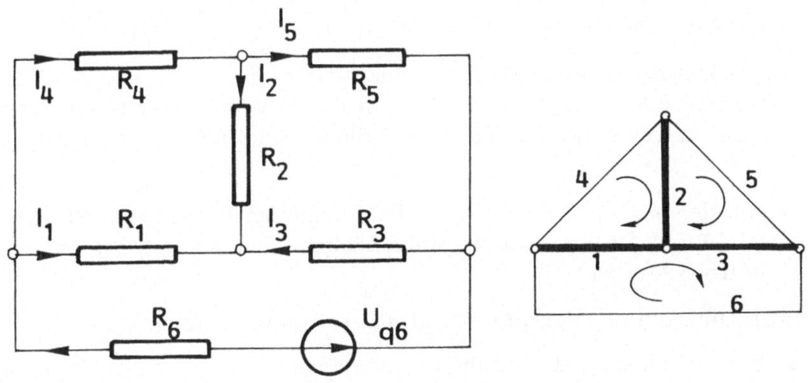

Abbildung 66: Brückenschaltung und der vollständige Baum 1, 2, 3

ursacht er dort den Spannungsabfall

$$(R_1 + R_3 + R_6) \cdot I_6 \ .$$

Hinzu kommt noch im Baumzweig 1 der Strom I_4, der dem Strom I_6 entgegengesetzt fließt; dadurch kommt im Umlauf 6 noch der Spannungsabfall

$$-R_1 \cdot I_4$$

hinzu. Genauso im Baumzweig 3:

$$-R_3 \cdot I_5 \ .$$

Die Quellenspannung im Umlauf des Maschenstromes I_6 tritt mit Pluszeichen auf der rechten Seite auf, weil sie dem Strom I_6 entgegengerichtet ist (2. Kirchhoffsche Gleichung).

Der Widerstand

$$R_1 + R_3 + R_6$$

den der Maschenstrom I_6 in seinem Umlauf vorfindet[20], bezeichnet man als **Umlaufwiderstand**. Die Widerstände R_1 und R_3 bezeichnet man als **Kopplungswiderstände** (der Umläufe 4 und 6 bzw. 5 und 6).

Man erkennt hier **Regeln** für die Aufstellung der Umlaufgleichung (83) für den Maschenstrom I_6:

- Die Gleichung enthält als Unbekannte alle unabhängigen Ströme I_4, I_5 und I_6.
- Der Umlaufwiderstand $R_1 + R_3 + R_6$ tritt mit **Plus**zeichen als Koeffizient des Umlaufstromes I_6 auf.
- Die Koeffizienten der übrigen Umlaufströme I_4 und I_5 sind die Kopplungswiderstände R_1 und R_3. Ihr Vorzeichen ist **positiv**, wenn die verknüpften Umlaufströme in dem Widerstand die gleiche Zählrichtung haben, andernfalls negativ.
- Auf der rechten Seite erscheint die Summe der Quellenspannungen im Umlauf 6, mit **Plus**zeichen, wenn ihr Zählpfeil dem des Umlaufstromes **entgegen**gerichtet ist.

Man erkennt nun die **Vorteile** des Maschenstromverfahrens:

1. Es führt zu einem Gleichungssystem mit nur $m = z - k + 1$ Gleichungen (die übrigen $k - 1$ Unbekannten werden durch einfache algebraische Addition von Strömen bestimmt).
2. Es liefert Regeln zur Aufstellung des Gleichungssystems, die keine Kenntnis irgendwelcher Gesetze und keine vorherige Bearbeitung brauchen. Wendet man die Regeln korrekt an, so braucht man nichts mehr zu überlegen, sondern nur das Gleichungssystem zu lösen.

Wir schreiben nun nach diesen Regeln die drei Umlaufgleichungen für die Maschenströme I_4, I_5 und I_6 und ordnen sie nach den drei Unbekannten:

I_4	I_5	I_6	
$R_1 + R_2 + R_4$	$-R_2$	$-R_1$	0
$-R_2$	$R_2 + R_3 + R_5$	$-R_3$	0
$-R_1$	$-R_3$	$R_1 + R_3 + R_6$	U_{q6}

Das Koeffizientenschema, auch **Matrix des Gleichungssystems** genannt, ist hier die **Widerstandsmatrix**. Folgende Gesetzmäßigkeit hilft, die Matrix direkt aufzustellen (und auch zu überprüfen, ob sie korrekt ist):

[20] Dieser Widerstand entspricht der Reihenschaltung sämtlicher Widerstände im Umlauf

- Die Elemente der Hauptdiagonalen (von links oben nach rechts unten) enthalten jeweils die Umlaufwiderstände, also die Summe sämtlicher Widerstände in der betreffenden Masche. Sie sind also **immer positiv**.
- Die übrigen Elemente – die Kopplungswiderstände – liegen **symmetrisch** zur Hautpdiagonalen. In der Tat muß die Verkopplung des Umlaufes 4 mit Umlauf 5 ($-R_2$) dieselbe sein, wie die des Umlaufes 5 mit Umlauf 4 (ebenfalls $-R_2$).
- Auf der rechten Seite steht jeweils die Summe der Quellenspannungen in der Masche. Jede Quellenspannung ist dann positiv, wenn ihr Zählpfeil der Umlaufrichtung **entgegen**gerichtet ist.

Im Allgemeinen können die Spannungsgleichungen für das Maschenstromverfahren auch als die folgende Matrizengleichung geschrieben werden:

$$\begin{vmatrix} R_{11} & R_{12} \dots R_{1m} \\ R_{21} & R_{22} \dots R_{2m} \\ \vdots & \\ R_{m1} & R_{m2} \dots R_{mm} \end{vmatrix} \cdot \begin{vmatrix} I'_1 \\ I'_2 \\ \vdots \\ I'_m \end{vmatrix} = \begin{vmatrix} U'_{q_1} \\ U'_{q_2} \\ \vdots \\ U'_{q_m} \end{vmatrix}$$

In dieser Matrix bedeuten:

- R_{ii} die immer positiven Umlaufwiderstände,
- $R_{ij} = R_{ji}$ die Kopplungswiderstände, die positiv oder negativ sein können
- I'_i die unbekannten Maschenströme,
- U'_{q_i} die Summe der Quellenspannungen in der Masche i.

6.5.3 Regeln zur Anwendung des Maschenstromverfahrens

Folgende Regeln zur Anwendung des Maschenstromverfahrens sind zu beachten:

1. Zuerst werden in das Schaltbild die **Zählpfeile** für die **Quellenspannungen** (vom Plus– zum Minuspol gerichtet) und die durchnumerierten **Zweigströme** (Zählrichtung beliebig wählbar) eingetragen.
2. Man betrachtet das Netzwerk und überlegt, ob **Vereinfachungen** möglich und sinnvoll sind: in Reihe oder parallel geschaltete Widerstände werden zusammengefasst, gegebenenfalls werden Stern–Dreieck– oder Dreieck–Stern–Transformationen durchgeführt.
   Alle Stromquellen werden in Spannungsquellen umgewandelt, da hier nur Maschengleichungen für **Spannungen** geschrieben werden. (Man kann jedoch auch mit Stromquellen arbeiten, wenn man sie in Verbindungszweige setzt, so daß ihre Ströme unabhängige Ströme sind. Man muß dann nur die restlichen unabhängigen Ströme bestimmen).

3. Man betrachtet das Schaltbild und zählt:
   (a) die **Zweige** z
   (b) die **Knoten** k
4. Man bildet einen **vollständigen Baum** mit $k-1$ Baumzweigen. Diese verbinden **alle** k Knoten miteinander, ohne einen geschlossenen Umlauf zu bilden (vgl. Regeln zur Auswahl des Baumes, Seite 118). Alle übrigen Zweige sind **unabhängig** (ihre Anzahl: $m = z - k + 1$).
5. Mit jedem unabhängigen Zweig und mit beliebigen abhängigen Zweigen bildet man je eine **unabhängige Masche** .
   Achtung : In jeder Masche darf nur **ein** Zweig unabhängig sein!!
   Jeder Masche entspricht ein unabhängiger Strom, dessen Umlaufsinn beliebig ist. Die Maschenströme werden durchnumeriert (am einfachsten mit ihrer ursprünglichen Nummer).
6. Für die m unabhängigen Ströme werden die m **Gleichungen** direkt aufgestellt.
7. Man **löst** das Gleichungssystem mit m Unbekannten mit irgendeiner Methode (Elimination, Cramer, usw.).
8. Eine **Überlagerung** der Maschenströme (mit ihren Vorzeichen!) ergibt schließlich die übrigen $k-1$ **abhängigen** Ströme.
9. Die Ergebnisse sollen z.B. mit den zwei Kirchhoffschen Sätzen **überprüft** werden.

Anschließend wird die Anwendung des Maschenstromverfahrens anhand von mehreren Beispielen ausführlich erläutert.

6.5.4 Beispiele zur Anwendung des Maschenstromverfahrens

Beispiel :

Gegeben ist die folgende Schaltung mit:
$U_{q1} = 12V$, $U_{q2} = 12V$, $U_{q3} = 8V$,
$R_1 = 2\Omega$, $R_2 = 2\Omega$, $R_3 = 4\Omega$, $R_4 = 4\Omega$, $R_5 = 1\Omega$.

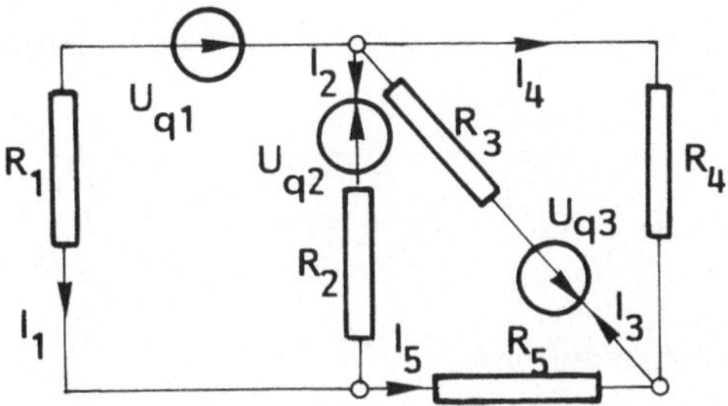

- Bestimmen Sie in der folgenden Schaltung alle Zweigströme mit dem Maschenstromverfahren.
- Überprüfen Sie die Ergebnisse, indem Sie einen anderen vollständigen Baum wählen und die unabhängigen Ströme bestimmen.

Wir verfolgen den im letzten Abschnitt festgelegten Weg zur Anwendung des Maschenstrom–Verfahrens:

1. Man wählt Zählpfeile für die Ströme in allen Zweigen und man numeriert sie.
2. Eine Vereinfachung der Schaltung ist nicht mehr möglich.
3. Man zählt:
   (a) $k = 3 \Longrightarrow k - 1 = 2$ Baumzweige
   (b) $z = 5 \Longrightarrow m = z - k + 1 = 3$ unabhängige Ströme
4. Man bildet einen vollständigen Baum: die Quellen sollen möglichst in Verbindungszweigen liegen. Die Zweige 1, 2 und 3 werden dadurch unabhängig, die Zweige 4 und 5 abhängig (Bild nächste Seite).

Fortsetzung des Beispiels :

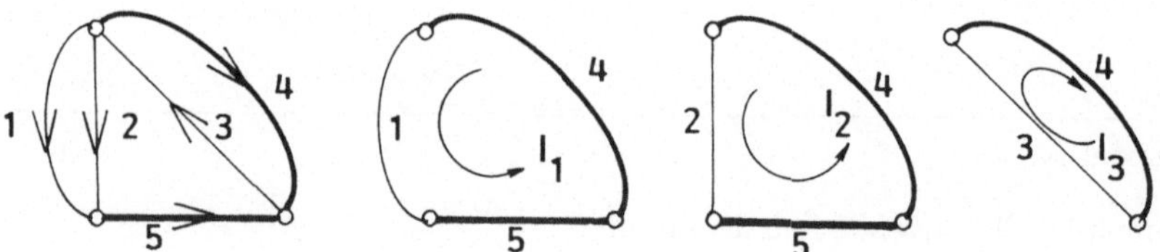

5. Die drei unabhängigen Maschen sind auf dem oberen Bild gezeigt.

6. Das Gleichungssystem für die drei unabhängigen Ströme ist:

I_1	I_2	I_3	
$R_1 + R_4 + R_5$	$R_4 + R_5$	$-R_4$	U_{q_1}
$R_4 + R_5$	$R_2 + R_4 + R_5$	$-R_4$	U_{q_2}
$-R_4$	$-R_4$	$R_3 + R_4$	U_{q_3}

Die Widerstandsdeterminante ist:

$$D = \begin{vmatrix} 7 & 5 & -4 \\ 5 & 7 & -4 \\ -4 & -4 & 8 \end{vmatrix}$$

$D = 7 \cdot (56 - 16) - 5 \cdot (40 - 16) - 4 \cdot (-20 + 28)$

$D = \boxed{128\,\Omega^3}$

Für den Strom I_1 ergibt sich die Determinante:

$$D_1 = \begin{vmatrix} 12 & 5 & -4 \\ 12 & 7 & -4 \\ 8 & -4 & 8 \end{vmatrix}$$

$D_1 = 12 \cdot (56 - 16) - 5 \cdot (12 \cdot 8 + 32) - 4 \cdot (-48 - 56)$

$D_1 = \boxed{256\,\Omega^2 \cdot V}$

Somit ist der Strom I_1:

$$I_1 = \frac{D_1}{D} = \frac{256\,\Omega^2 \cdot V}{128\,\Omega^3} = \boxed{2\,\text{A}}$$

Fortsetzung des Beispiels :

Für I_2:

$$D_2 = \begin{vmatrix} 7 & 5 & 12 \\ 5 & 7 & 12 \\ -4 & -4 & 8 \end{vmatrix}$$

$D_2 = 7 \cdot (56 + 48) - 5 \cdot (40 + 48) + 1^2 \cdot (-20 + 28)$

$D_2 = \boxed{384\,\Omega^2 \cdot V}$

Der Strom I_2 ergibt sich dann zu:

$$I_2 = \frac{D_2}{D} = \frac{384\,\Omega^2 \cdot V}{128\,\Omega^3} = \boxed{3\,\text{A}}$$

Die übrigen 2 Ströme sind:

$$I_4 = I_3 - I_1 - I_2 = 3 - 2 - 2 = \boxed{-1\,\text{A}}$$

$$I_5 = I_1 + I_2 = 2 + 2 = \boxed{4\,\text{A}}$$

Bevor man einen anderen vollständigen Baum wählt, betrachtet man alle für diese Schaltung möglichen Bäume. Wie viele sind es?

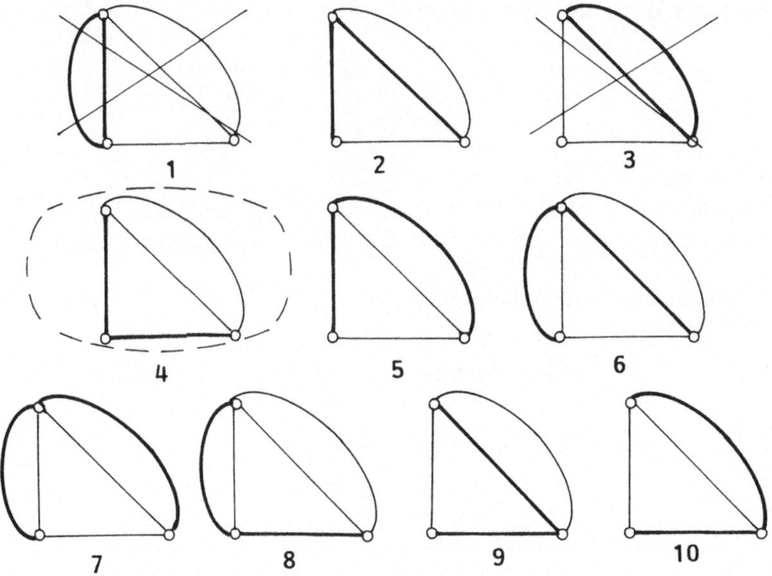

Fortsetzung des Beispiels :

Die 10 Bäume sind auf dem vorigen Bild gezeigt. Von ihnen sind zwei keine vollständigen Bäume, weils sie jeweils einen Knoten nicht berühren.

Welchen Baum man jetzt wählt, ist gleich. Die Empfehlung, daß die drei Quellen in Verbindungszweigen sein sollten, kann nicht mehr erfüllt werden; mindestens eine Quelle wird in einem Baumzweig liegen müssen.
Man nimmt also zum Beispiel den eingekreisten Baum an. Jetzt sind die Ströme 1, 3 und 4 unabhängig. Die drei unabhängigen Maschen sind auf dem nächsten Bild dargestellt:

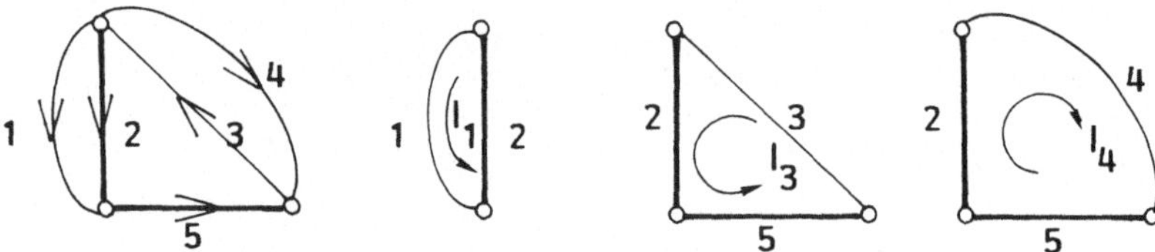

Das neue Gleichungssystem lautet:

I_1	I_3	I_4	
$R_1 + R_2$	$-R_2$	$+R_2$	$U_{q_1} - U_{q_2}$
$-R_2$	$R_2 + R_3 + R_5$	$-(R_2 + R_5)$	$U_{q_2} + U_{q_3}$
$+R_2$	$-(R_2 + R_5)$	$R_2 + R_4 + R_5$	$-U_{q_2}$

Setzt man die Werte ein, so ergibt sich:

$$\begin{vmatrix} 4 & -2 & 2 \\ -2 & 7 & -3 \\ 2 & -3 & 7 \end{vmatrix} \cdot \begin{vmatrix} I_1 \\ I_3 \\ I_4 \end{vmatrix} = \begin{vmatrix} 0 \\ 20 \\ -12 \end{vmatrix}$$

Bemerkung :
Da die Quelle 2 jetzt nicht mehr in einem unabhängigen Zweig liegt, erscheint sie jetzt dreimal auf der rechten Seite des Gleichungssystems (vorher nur ein Mal!).
Die Widerstandsdeterminante ist jetzt:

$$D = 4 \cdot (49 - 9) + 2 \cdot (-14 - +6) + 2 \cdot (6 - 14) = 4 \cdot 40 - 2 \cdot 8 - 2 \cdot 8 = \boxed{128\,\Omega^3}$$

Der Strom I_4:

$$D_4 = \begin{vmatrix} 4 & -2 & 0 \\ -2 & 7 & 20 \\ 2 & -3 & -12 \end{vmatrix}$$

Fortsetzung des Beispiels :

$D_4 = 4 \cdot (-84 + 60) + 2 \cdot (24 - 40) = 4 \cdot (-24) - 2 \cdot 16$

$D_4 = \boxed{-128\,\Omega^2 \cdot V}$

Damit wird I_4:

$$I_4 = \frac{D_4}{D} = \frac{-128\,\Omega^2 \cdot V}{128\,\Omega^3} = \boxed{\text{-1 A}}$$

Außerdem ergibt sich für die anderen zwei unabhängigen Ströme:

$$I_1 = 2\,A, \qquad I_3 = 3\,A.$$

Die abhängigen Ströme ergeben sich durch Überlagerung der unabhängigen. Man betrachtet hierzu die drei Maschen und sucht in jeder Masche nach dem zu bestimmenden abhängigen Strom. Man fängt zum Beispiel mit I_2 an. Dieser ist in allen drei Maschen vorhanden. Die Ströme I_1 und I_4 fließen durch den Zweig 2 entgegen der für den Strom I_2 als positiv angenommenen Zählrichtung, der Strom I_3 dagegen in dieselbe Richtung. Daraus ergibt sich I_2 als die folgende Überlagerung:

$$I_2 = -I_1 + I_3 - I_4 = -2 + 3 - (-1) = 2\,A$$

Für I_5 ergibt sich auf ähnliche Weise:

$$I_5 = I_3 - I_4 = 3 - (-1) = 4\,A.$$

Ein dritter Baum kann der folgende sein:

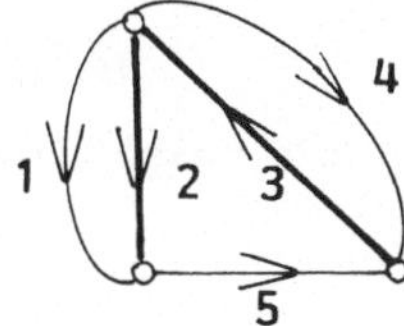

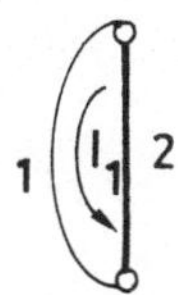

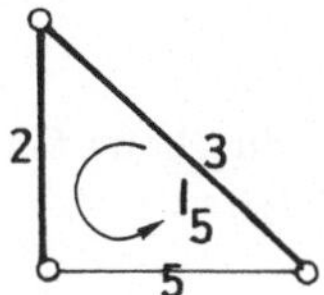

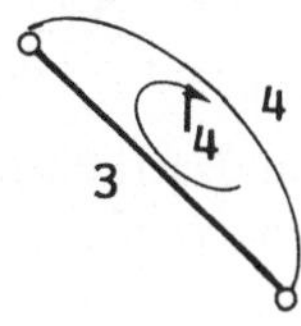

Jetzt sind I_1, I_4 und I_5 unabhängig. Das neue Gleichungssystem lautet:

I_1	I_4	I_5	
$R_1 + R_2$	0	$-R_2$	$U_{q_1} - U_{q_2}$
0	$R_3 + R_4$	R_3	U_{q_3}
$-R_2$	R_3	$R_2 + R_3 + R_5$	$U_{q_2} + U_{q_3}$

Beispiel :

In der folgenden Schaltung mit:
$U_1 = 20V$, $U_2 = 10V$,
$R_1 = 5\Omega$, $R_2 = 10\Omega$, $R_3 = 2\Omega$, $R_4 = 5\Omega$
soll der Strom I_{A-B} berechnet werden.

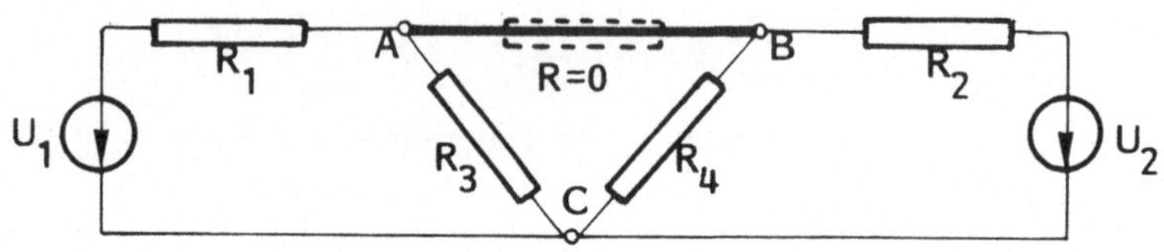

Die Punkte A und B sind kurzgeschlossen, doch fließt in dem Verbindungsleiter ein Strom, der hier gesucht wird. Deswegen kann man die beiden Punkte nicht als einen Knoten betrachten. Zum besseren Verständnis der Situation schaltet man zwischen A und B einen Widerstand, der gleich Null sein wird.

Die Schaltung hat $k = 3$, $z = 5$, $m = 3$.
Der vollständige Baum wird zwei Zweige enthalten. Wenn man die Quellen in Verbindungszweigen haben möchte und der gesuchte Strom I_{A-B} ebenfalls als unabhängig deklariert werden soll, bleibt nur ein vollständiger Baum möglich. Dieser ist zusammen mit den entsprechenden unabhängigen Maschen auf dem folgenden Bild dargestellt.

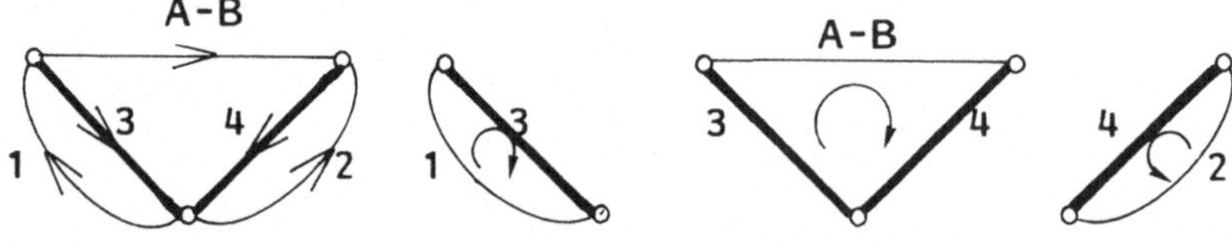

Das in Matrixform geschriebene Gleichungssystem für die drei unabhängigen Ströme: I_1, I_{A-B} und I_2 ist:

I_1	I_{A-B}	I_2	
$(5+2)\Omega$	-2Ω	$0\,\Omega$	$20V$
-2Ω	$(0+2+5)\Omega$	5Ω	$0V$
$0\,\Omega$	5Ω	$(10+5)\Omega$	$10V$

Nach Auflösung des Gleichungssystems ergibt sich für den gesuchten Strom:

$$\boxed{I_{A-B} = 0,5A}\,.$$

Beispiel :

Gegeben ist die folgende Schaltung:

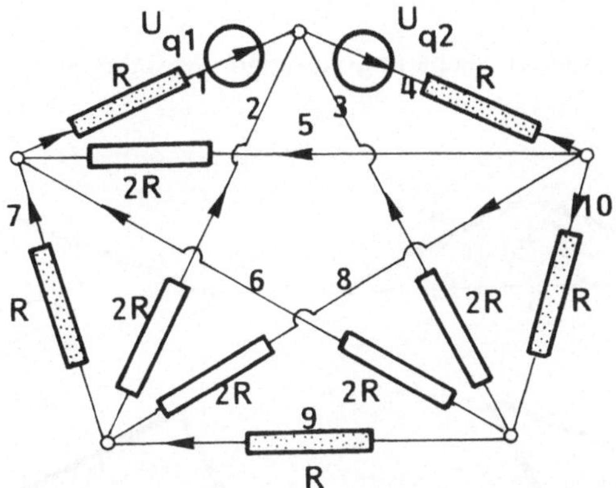

Die „äußeren“ Widerstände sind R, die „inneren“ Widerstände sind $2 \cdot R$.

Schreiben Sie das Gleichungssystem für die unabhängigen Maschenströme und die Gleichungen zur Bestimmung der abhängigen Ströme.

- Der sternförmige Baum, der den oberen Knoten mit allen anderen direkt verbindet, scheint günstig zu sein. Allerdings verzichtet man damit darauf, die Quellen in unabhängige Zweige zu legen.

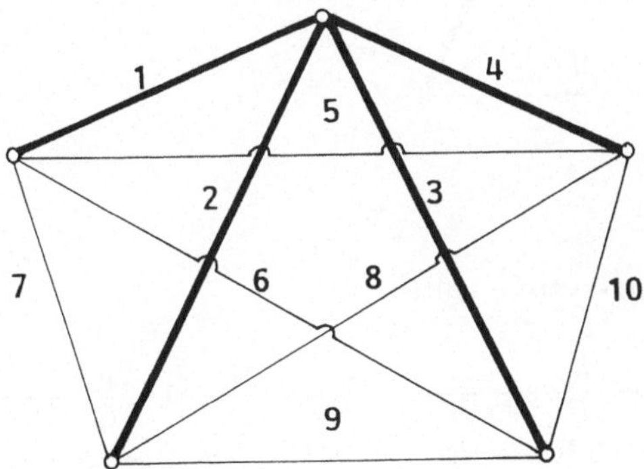

Fortsetzung des Beispiels :

Die Baumzweige sind 1, 2, 3 und 4. Die Ströme I_5, I_6, I_7, I_8, I_9, I_{10} sind unabhängig.

- Die entsprechenden sechs unabhängigen Maschen sind einfach:

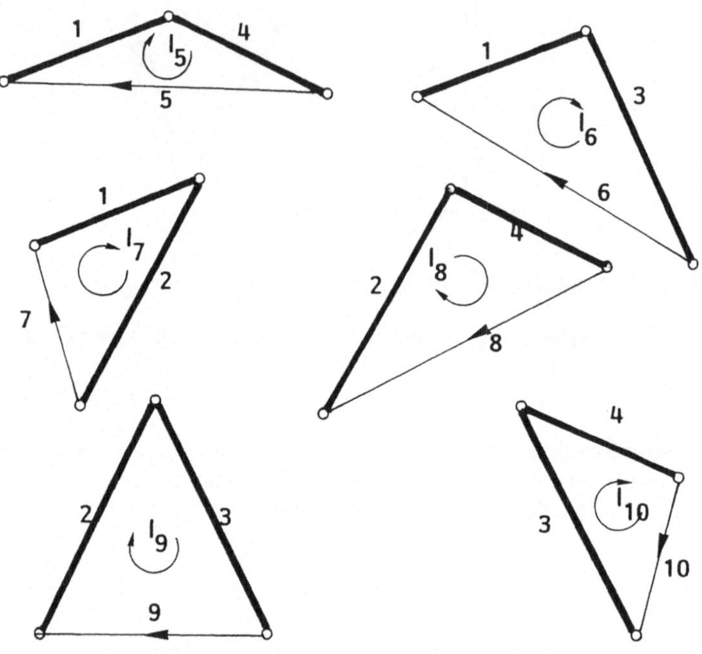

- Das Gleichungssystem lautet:

I_5	I_6	I_7	I_8	I_9	I_{10}	
$4R$	R	R	R	0	R	$-U_{q_2} - U_{q_1}$
R	$5R$	R	0	$2R$	$-2R$	$-U_{q_1}$
R	R	$4R$	$-2R$	$-2R$	0	$-U_{q_1}$
R	0	$-2R$	$5R$	$2R$	R	$-U_{q_2}$
0	$2R$	$-2R$	$2R$	$5R$	$-2R$	0
R	$-2R$	0	R	$-2R$	$4R$	$-U_{q_2}$

Fortsetzung des Beispiels :

Die Widerstandsmatrix ist korrekt, da alle Elemente symmetrisch gegenüber der Hauptdiagonalen angeordnet sind.

- Die abhängigen Ströme ergeben sich als:

$$\begin{aligned} I_1 &= I_5 + I_6 + I_7 \\ I_2 &= -I_7 + I_8 + I_9 \\ I_3 &= -I_6 - I_9 + I_{10} \\ I_4 &= -I_5 - I_8 - I_{10} \end{aligned}$$

Bemerkung :
Die Lösungsstrategie über „vollständige Bäume“ ist die einzige, die bei komplizierten Netzwerken (wie das oben behandelte) die korrekte Auswahl der unabhängigen Maschen gewährleistet.

6.6 Knotenpotentialverfahren (Knotenanalyse)

6.6.1 Abhängige und unabhängige Spannungen

Die Maschenanalyse hat als Ziel, die $m = z - k + 1$ „unabhängigen“ Ströme zu bestimmen. Die übrigen $(k - 1)$ abhängigen Ströme, die in den Baumzweigen des vollständigen Baumes fließen, werden anschließend durch einfache Superposition[21] ermittelt.
Nun kann man davon ausgehen, daß man **Spannungen** in bestimmten Netzzweigen bestimmen möchte. Dann hat man das nur für die **unabhängigen Spannungen** zu tun, die übrigen lassen sich aus diesen mit Hilfe der 2. Kirchhoffschen Gleichung ausdrücken.
Wir betrachten dazu wiederum die Schaltung der Wheatstone–Brücke (siehe Abbildung 67).
Man wählt zunächst einen vollständigen Baum aus. Ein solcher Baum ist in der Abbildung 67, rechts dargestellt. Man kann leicht sehen, daß die drei Spannungen U_1, U_2 und U_3 der drei Baumzweige unabhängig sind, d.h.: diese Spannungen könnte man beliebig vorschreiben. Würde man noch irgendeinen Zweig dazunehmen, so würde diese neue Spannung **nicht** mehr unabhängig sein, denn es würde eine geschlossene Masche entstehen, in der die Umlaufgleichung $\sum U = 0$ gelten muß. Es wäre auch unmöglich, die drei Spannungen U_4, U_5 und U_6 in den drei Verbindungszweigen vorzuschreiben, denn für sie gilt:

$$U_4 + U_5 + U_6 = 0 \ ,$$

also eine Spannung davon ist abhängig.

[21] durch Anwendung der 1. Kirchhoffschen Gleichung

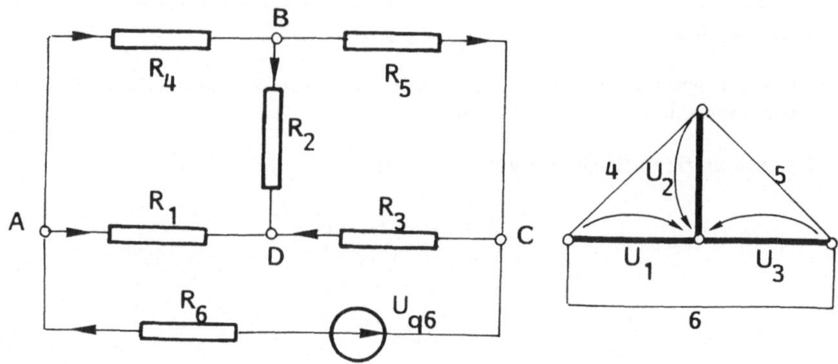

Abbildung 67: Wheatstone–Brücke mit Spannungsquelle und vollständiger Baum

Satz 24 *Die Spannungen an den Baumzweigen*[22] *bezeichnet man als unabhängige Spannungen. Die übrigen Spannungen an den Verbindungszweigen erhält man aus den Maschengleichungen.*

Das Knotenpotentialverfahren bestimmt die $(k-1)$ unabhängigen Spannungen. Die restlichen m Spannungen kann man aus Maschengleichungen ermitteln.

6.6.2 Aufstellung der Knotengleichungen

Um Spannungen leicht zu bestimmen, ist es sinnvoll, das Ohmsche Gesetz in der Form $I = G \cdot U$ anzuwenden, und dazu

- alle Spannungsquellen in Stromquellen umzuwandeln
- alle Widerstände R in Leitwerte G umzuwandeln.

Die zu untersuchende Schaltung ergibt sich dann so, wie in Abbildung 68 gezeigt. Man kann das Ohmsche Gesetz für alle sechs Leitwerte schreiben:

$$\begin{aligned} I_{G_1} &= U_1 \cdot G_1 \\ I_{G_2} &= U_2 \cdot G_2 \\ \vdots &= \\ I_{G_6} &= U_6 \cdot G_6 \ . \end{aligned}$$

Die 1. Kirchhoffsche Gleichung ergibt in den Knoten A, B und C:

$$\begin{aligned} I_{G_1} + I_{G_4} - I_{G_6} - I_{q6} &= 0 \quad \text{Knoten (A)} \\ I_{G_2} + I_{G_5} - I_{G_4} \quad &= 0 \quad \text{Knoten (B)} \\ I_{G_3} + I_{G_6} - I_{G_5} + I_{q6} &= 0 \quad \text{Knoten (C)} \end{aligned}$$

[22] Es gibt $(k-1)$ Baumzweige

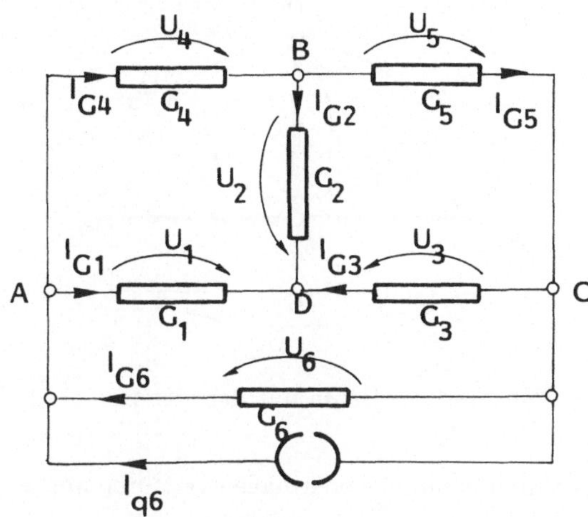

Abbildung 68: Wheatstone–Brücke mit Leitwerten und Stromquelle

Die drei abhängigen Spannungen ergeben sich aus Maschengleichungen:

$$U_4 = U_1 - U_2$$
$$U_5 = U_2 - U_3$$
$$U_6 = U_3 - U_1$$

In den Knotengleichungen kann man die Ströme durch die zugehörigen Spannungen ausdrücken:

$$\begin{array}{l} \text{Knoten (A)} \\ \text{Knoten (B)} \\ \text{Knoten (C)} \end{array} \left\{ \begin{array}{l} G_1 \cdot U_1 + G_4 \cdot U_4 - G_6 \cdot U_6 = I_{q6} \\ G_2 \cdot U_2 - G_4 \cdot U_4 + G_5 \cdot U_5 = 0 \\ G_3 \cdot U_3 - G_5 \cdot U_5 - G_6 \cdot U_6 = -I_{q6} \end{array} \right.$$

Jetzt kann man die abhängigen Spannungen U_4, U_5 und U_6 mit Hilfe der drei obigen Maschengleichungen eliminieren:

$$\begin{array}{l} \text{Knoten (A)} \\ \text{Knoten (B)} \\ \text{Knoten (C)} \end{array} \left\{ \begin{array}{l} G_1 \cdot U_1 + G_4 \cdot (U_1 - U_2) - G_6 \cdot (U_3 - U_1) = I_{q6} \\ G_2 \cdot U_2 - G_4 \cdot (U_1 - U_2) + G_5 \cdot (U_2 - U_3) = 0 \\ G_3 \cdot U_3 - G_5 \cdot (U_2 - U_3) - G_6 \cdot (U_3 - U_1) = -I_{q6} \end{array} \right.$$

Man kann dieses Gleichungssystem nach den drei unbekannten Spannungen U_1, U_2 und U_3 ordnen:

$$\begin{array}{l} \text{(A)} \\ \text{(B)} \\ \text{(C)} \end{array} \left\{ \begin{array}{llll} (G_1 + G_4 + G_6) \cdot U_1 & -G_4 \cdot U_2 & -G_6 \cdot U_3 & = I_{q6} \\ -G_4 \cdot U_1 & +(G_2 + G_4 + G_5) \cdot U_2 & -G_5 \cdot U_3 & = 0 \\ -G_6 \cdot U_1 & -G_5 \cdot U_2 & +(G_3 + G_5 + G_6) \cdot U_3 & = -I_{q6} \end{array} \right.$$

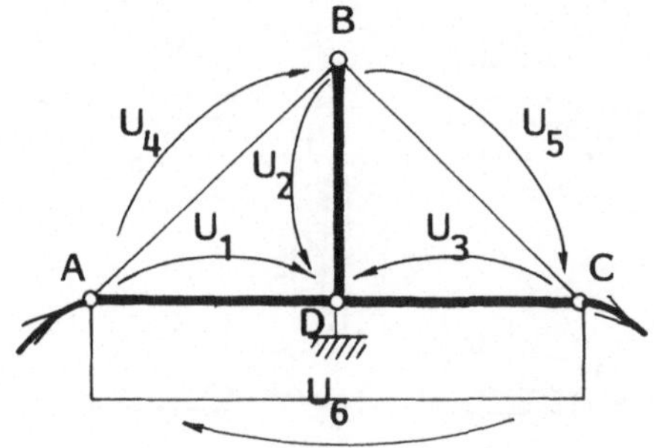

Abbildung 69: Vollständiger Baum mit dem Knoten D als Bezugsknoten

Dieses Gleichungssystem kann folgendermaßen gedeutet werden:

- Jede Gleichung entsteht aus einer Knotengleichung.
- Wir betrachten die Gleichung im Knoten (A):
  - Der einzige Baumzweig ist hier der Baumzweig 1. Seine unabhängige Spannung U_1 multipliziert die Summe **aller** drei im Knoten (A) zusammengeführten Leitwerte $G_1 + G_4 + G_6$. Man bezeichnet $G_1 + G_4 + G_6$ als **Knotenleitwert**.
  - Als Koeffizienten für die anderen zwei Spannugen U_2 und U_3 treten die Leitwerte G_4 und G_6 auf, die den Knoten (A) direkt mit dem Knoten (B)[23]bzw. mit dem Knoten (C)[24]verbinden: G_4 ist der **Kopplungsleitwert** zwischen Knoten (A) und Knoten (B), G_6 ist der **Kopplungsleitwert** zwischen Knoten (A) und Knoten (C).
- Man bemerkt, daß alle Knotenleitwerte **positiv**, alle Kopplungsleitwerte **negativ** sind.
- Auf der rechten Seite erscheint die **Summe** aller Quellenströme, die in den betreffenden Knoten **hineinfließen**[25](siehe Abbildung 69).

Wir schreiben das untersuchte Gleichungssystem nochmals in einer möglichst übersichtlichen Form:

$$\left| \begin{array}{cccc} G_{11} & G_{12} & \ldots & G_{1n} \\ G_{21} & G_{22} & \ldots & G_{2n} \\ \vdots & & & \\ G_{n1} & G_{n2} & \ldots & G_{nn} \end{array} \right| \cdot \left| \begin{array}{c} U'_1 \\ U'_2 \\ \vdots \\ U'_n \end{array} \right| = \left| \begin{array}{c} I'_{q_1} \\ I'_{q_2} \\ \vdots \\ I'_{q_n} \end{array} \right|$$

[23]U_2 ist die dem Knoten (B) zugeordnete unabhängige Spannung
[24]U_3 ist die dem Knoten (C) zugeordnete unabhängige Spannung
[25]Fließen Ströme aus dem Knoten heraus, so erhalten sie ein Minuszeichen

mit: $G_{ii} > 0$ = Knotenleitwerte,
$G_{ij} < 0$ = Kopplungsleitwerte,
U_i' = unabhängige Spannungen,
I_{q_i}' = Summe aller **Quellen**ströme in dem Knoten i
(mit Pluszeichen, wenn sie **hinein**fließen).

Diskussion über die Struktur der Leitwertmatrix für die Knotenanalyse

Man muß besonders betonen, daß das sehr einfache Bildungsgesetz für das Gleichungssystem (alle Knotenleitwerte positiv, **alle** Kopplungsleitwerte negativ) nur dann gilt, wenn

- der Baum alle Knoten des Netzes **strahlenförmig** mit einem Bezugsknoten verbindet,
- man den **Bezugsknoten** bei der Anwendung der Knotengleichungen **nicht** benutzt,
- die **Zählpfeile** der unabhängigen Spannungen **auf den Bezugsknoten** zuweisen.

Diese erhebliche Einschränkung bei der Auswahl des vollständigen Baumes wird praktisch immer hingenommen.
Anmerkung : *Man könnte auch mit einem anderen Baum zum Ziel kommen, doch dann wäre das Gleichungssystem nicht mehr so einfach.*

6.6.3 Regeln zur Anwendung der Knotenanalyse

1. Man formt die Schaltung um, indem man

   - alle **Widerstände** in Leitwerte umrechnet,
   - alle **Spannungsquellen** durch Stromquellen ersetzt,
   - die nötigen Vereinfachungen durchführt (vor allem Parallelschaltungen von Leitwerten).

   Die Ströme erhalten Zählpfeile.

2. Man wählt einen beliebigen **Bezugsknoten** aus, dem man ein willkürlich gewähltes Potential[26] zuweist. Die Spannungen zwischen diesem Knoten und den übrigen Knoten, also die entsprechenden Potentialdifferenzen, sind die **unabhängigen** Spannungen.
   Das Ziel der Knotenanalyse ist, die unbekannten $(k-1)$ unabhängigen Knotenspannungen zu bestimmen. Diese Zahl ist in den meisten Fällen kleiner als m.

[26] Als Potential kann z.B. Null gewählt werden, d.h. der Knoten wird „geerdet".

3. Mit dem Bezugsknoten ist der **vollständige Baum** festgelegt: er verbindet **sternförmig** alle Knoten mit dem Bezugsknoten. Sind nicht alle Knoten direkt mit dem Bezugsknoten verbunden, so fügt man Zweige mit dem Leitwert $G = 0$ ein.

4. Alle unabhängigen Spannungen erhalten **Zählpfeile, die auf den Bezugsknoten zeigen**.

5. Man schreibt das Gleichungssystem für die $(k-1)$ unbekannten unabhängigen Spannungen, indem man nacheinander alle Knoten betrachtet. Der **Bezugsknoten** erhält **keine** Gleichung !

   - Der Koeffizient der unabhängigen Spannung des betreffenden Knotens ist der **immer positive Knotenleitwert**. Er ist gleich der Summe aller Leitwerte, die in dem Knoten zusammengeführt sind.
   - Die Koeffizienten der anderen unabhängigen Spannungen sind die **immer negativen Kopplungsleitwerte**.
   - Auf der rechten Seite steht die Summe der **Quellenströme** in dem betrachteten Knoten, mit Pluszeichen, wenn sie hineinfließen.

6. Man löst das Gleichungssystem für die $(k-1)$ unbekannten Spannungen.

7. Die abhängigen Spannungen ergeben sich aus den Maschengleichungen.

8. Die Ströme ergeben sich aus dem Ohmschen Gesetz

$$I = G \cdot U \; .$$

6.6.4 Beispiele zur Anwendung der Knotenanalyse

Beispiel :
Für die Wheatstone–Brücke auf der nächsten Abbildung, links sollen alle Ströme mit Hilfe der Knotenanalyse bestimmt werden.
Es gilt: $U_{q6} = 10V$, $R_1 = 3\Omega$, $R_2 = 1\Omega$, $R_3 = 2\Omega$, $R_4 = 1\Omega$, $R_5 = 5\Omega$, $R_6 = 1\Omega$.

1. Man formt die Schaltung um:

   - Widerstände → Leitwerte:
     $G_1 = \frac{1}{R_1} = \frac{1}{3} S$; $G_2 = \frac{1}{R_2} = 1\,S$; $G_3 = \frac{1}{R_3} = \frac{1}{2} S$

     $G_4 = \frac{1}{R_4} = 1\,S$; $G_5 = \frac{1}{R_5} = \frac{1}{5} S$; $G_6 = \frac{1}{R_1} = 1\,S$

Fortsetzung des Beispiels :

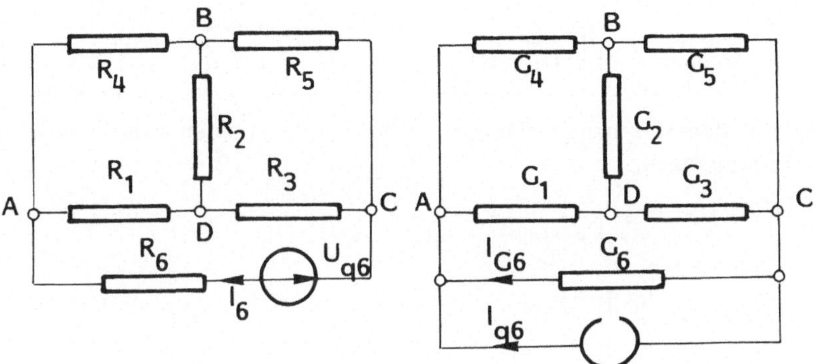

- Man wandelt die Spannungsquelle in eine Stromquelle um:

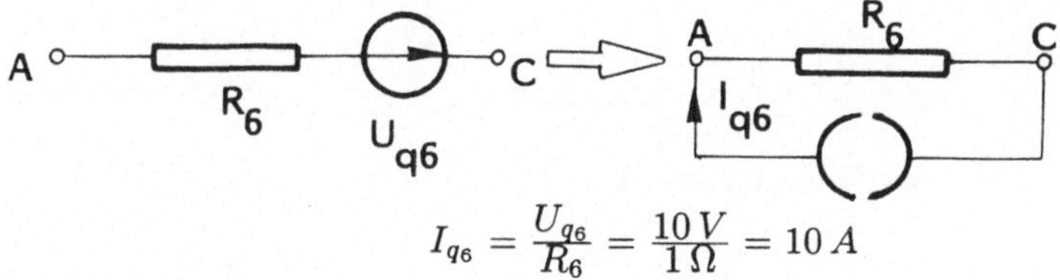

$$I_{q6} = \frac{U_{q6}}{R_6} = \frac{10\,V}{1\,\Omega} = 10\,A$$

2. Als Bezugsknoten wird der Knoten (D) gewählt.
3. Es ergibt sich der vollständige Baum aus der Abbildung 69.
4. Die unabhängigen Spannungen sind U_1, U_2 und U_3. Das Gleichungssytem lautet:

U_1	U_2	U_3	
$G_1 + G_4 + G_6$	$-G_4$	$-G_6$	I_{q6}
$-G_4$	$G_2 + G_4 + G_5$	$-G_5$	0
$-G_6$	$-G_5$	$G_3 + G_5 + G_6$	$-I_{q6}$

bzw. mit Werten:

U_1	U_2	U_3	
$\frac{1}{3}\,S + 1\,S + 1\,S$	$-1\,S$	$-1\,S$	$10\,A$
$-1\,S$	$1\,S + 1\,S + \frac{1}{5}\,S$	$-1\,S$	0
$-1\,S$	$-\frac{1}{5}\,S$	$\frac{1}{2}\,S + \frac{1}{5}\,S + 1\,S$	$-10\,A$

Fortsetzung des Beispiels :

5. Es ergeben sich: $\boxed{U_1 = 3\,V}$ $\boxed{U_2 = 1\,V}$ $\boxed{U_3 = -4\,V}$

6. Aus den Maschengleichungen (siehe Graph) ergeben sich die abhängigen Spannungen:

   $U_4 = U_1 - U_2 = 3\,V - 1\,V = \boxed{2\,\mathrm{V}}$

   $U_5 = U_2 - U_3 = 1\,V - (-4\,V) = \boxed{5\,\mathrm{V}}$

   $U_6 = U_3 - U_1 = -4\,V - 3\,V = \boxed{-7\,\mathrm{V}}$

7. Die sechs gesuchten Ströme sind:

   $I_1 = U_1 \cdot G_1 = 3\,V \cdot \frac{1}{3}\,S = \boxed{1\,\mathrm{A}}$

   $I_2 = U_2 \cdot G_2 = 1\,V \cdot 1\,S = \boxed{1\,\mathrm{A}}$

   $I_3 = U_3 \cdot G_3 = -4\,V \cdot \frac{1}{2}\,S = \boxed{-2\,\mathrm{A}}$

   $I_4 = U_4 \cdot G_4 = 2\,V \cdot 1\,S = \boxed{2\,\mathrm{A}}$

   $I_5 = U_5 \cdot G_5 = 5\,V \cdot \frac{1}{5}\,S = \boxed{1\,\mathrm{A}}$

   $I_6 = I_{G_6} + I_{q_6} = U_6 \cdot G_6 + I_{q_6} = -7\,V \cdot 1\,S + 10\,A = \boxed{3\,\mathrm{A}}$

Man ersieht, daß sich alle Ströme in den passiven Zweigen direkt aus dem Ohmschen Gesetz ergeben.

In Zweigen mit Quellen muß man zusätzlich die Knotengleichung berücksichtigen.

Beispiel :
In der folgenden Schaltung (siehe nächste Abbildung, oben) soll der Strom I_{AB} mit der Knotenanalyse ermittelt werden. Es gilt: $U_{q1} = 20V$, $U_{q2} = 10V$, $R_1 = 5\Omega$, $R_2 = 2\Omega$, $R_3 = 5\Omega$, $R_4 = 10\Omega$.

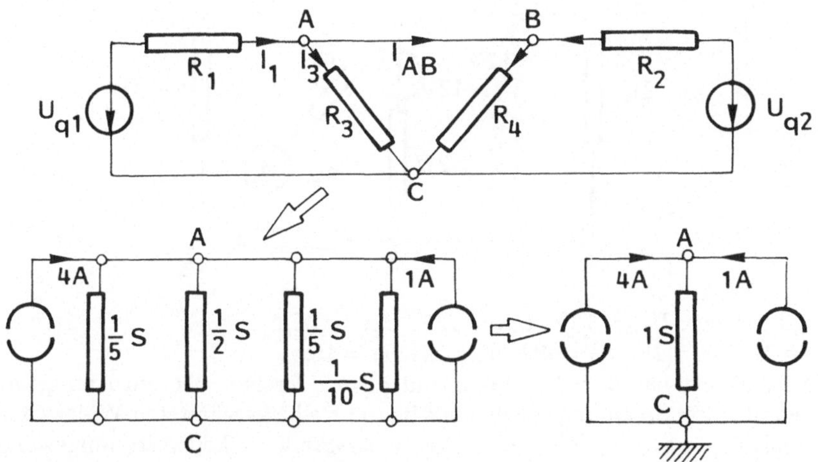

Zuerst muß das Netzwerk umgewandelt werden (Abbildung unten, links).
In diesem Netzwerk fasst man die Leitwerte zusammen.
Wählt man den unteren Knoten C als Bezugsknoten, so muß man nur die Gleichung des oberen Knotens (A–B) schreiben.
Die einzige Gleichung lautet:

$$G \cdot U = 5\,A \quad \rightarrow \quad U = \frac{5\,A}{1\,S} = 5\,V$$

Jetzt muß man in die ursprüngliche Schaltung zurück gehen, um den gesuchten Strom zu ermitteln. Da die Spannung zwischen A und C bekannt ist, kann man auf der linken Masche die Maschengleichung schreiben und somit den Strom I_1 ermitteln:

$$U_{q_1} = R_1 \cdot I_1 + U \Longrightarrow I_1 = \frac{U_{q_1} - U}{R_1} = \frac{20\,V - 5\,V}{5\,\Omega} = 3\,A$$

Der Strom I_3 ergibt sich ebenfalls aus der ermittelten Spannung U:

$$I_3 = \frac{U}{R_3} = \frac{5\,V}{2\,\Omega} = 2,5\,A$$

Schließlich kann man I_{AB} aus einer Knotengleichung bestimmen:

$$I_{AB} = I_1 - I_3 = 3\,A - 2,5\,A = \boxed{0{,}5\text{ A}}$$

Beispiel:
Eine Schaltung, die bereits mit dem Maschenstromverfahren behandelt wurde, soll jetzt mit der Knotenanalyse gelöst werden (siehe nächste Abbildung).

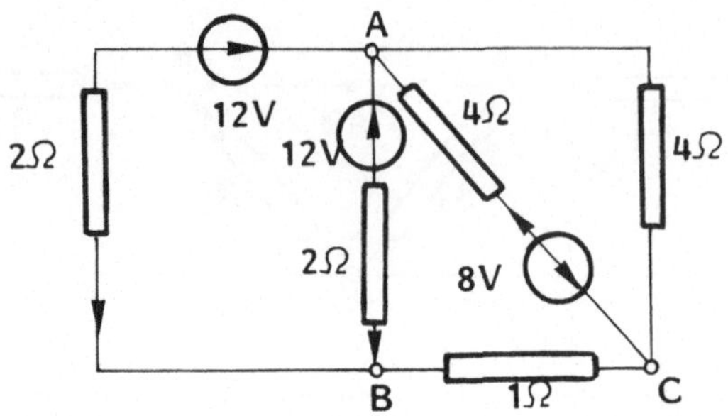

Es gilt wieder: $U_{q1} = 12V$, $U_{q2} = 12V$, $U_{q3} = 8V$,
$R_1 = 2\Omega$, $R_2 = 2\Omega$, $R_3 = 4\Omega$, $R_4 = 4\Omega$ $R_5 = 1\Omega$.
Die Schaltung hat $k = 3$ Knoten und $z = 5$ Zweige. Sie wird umgeformt, indem alle drei Spannungsquellen mit den in Reihe geschalteten Widerständen in äquivalente Stromquellen und alle Widerstände in Leitwerte umgewandelt werden. Nun können noch verschiedene Leitwerte zusammengefasst werden:

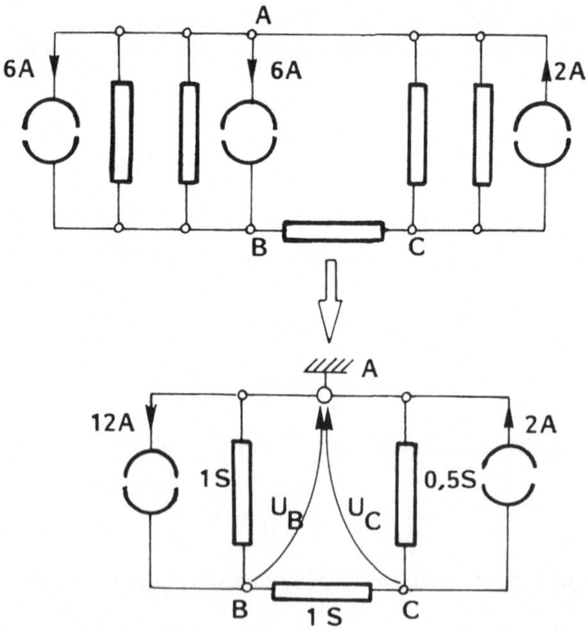

Fortsetzung des Beispiels :

Das Gleichungssystem hat dann folgendes Aussehen:

U_1	U_2	
$2\,S$	$-1\,S$	$12\,A$
$-1\,S$	$1,5\,S$	$-2\,A$

Die Determinanten berechnen sich zu:

$D = 3 - 1 = 2\,S^2 \qquad D_1 = 12 \cdot 1,5 - 2 = 16\,AS \qquad D_2 = -4 + 12 = 8\,AS$

Für die Spannungen U_1 und U_2 gilt dann:

$$U_1 = \frac{D_1}{D} = \frac{16\,AS}{2\,S^2} = 8\,V \qquad U_2 = \frac{D_2}{D} = \frac{8\,AS}{2\,S^2} = 4\,V$$

Es ergibt sich:

$$U_{R_5} = U_1 - U_2 \Longrightarrow I_5 = \frac{4\,V}{1\,\Omega} = \boxed{4\text{ A}}$$

$$U_1 - U_{q_2} + R_2 \cdot I_2 \Longrightarrow I_2 = \frac{U_{q_2} - U_1}{R_2} = \frac{12\,V - 8\,V}{2\,\Omega} = \boxed{2\text{ A}}$$

$$U_1 - U_{q_1} + R_1 \cdot I_1 \Longrightarrow I_1 = \frac{U_{q_1} - U_1}{R_1} = \frac{4\,V}{2\,\Omega} = \boxed{2\text{ A}}$$

$$U_2 = -R_4 \cdot I_4 \Longrightarrow I_4 = \boxed{\text{-1 A}}$$

$$I_3 = I_5 + I_4 = 4\,A - 1\,A = \boxed{3\text{ A}}$$

Beispiel :

Wir betrachten nochmals den Stern mit den 5 Knoten und 10 Zweigen, der mit dem Maschenstromverfahren behandelt wurde.

1. Die äußeren Widerstände sind R, die inneren Widerstände $2\,R$. Somit sind die äußeren Leitwerte G, die inneren Leitwerte $\frac{G}{2}$.
   Man muß auch die zwei Spannungsquellen umwandeln:

$$I_{q_1} = \frac{U_{q_1}}{R} \qquad I_{q_2} = \frac{U_{q_2}}{R}\;.$$

2. Als Bezugsknoten wählt man den oberen Punkt.

Fortsetzung des Beispiels :

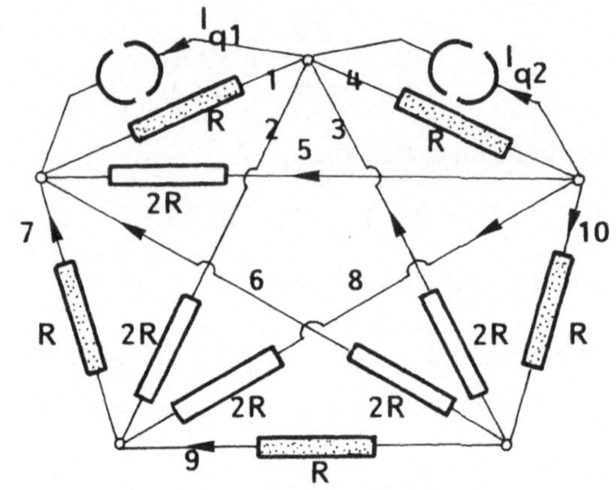

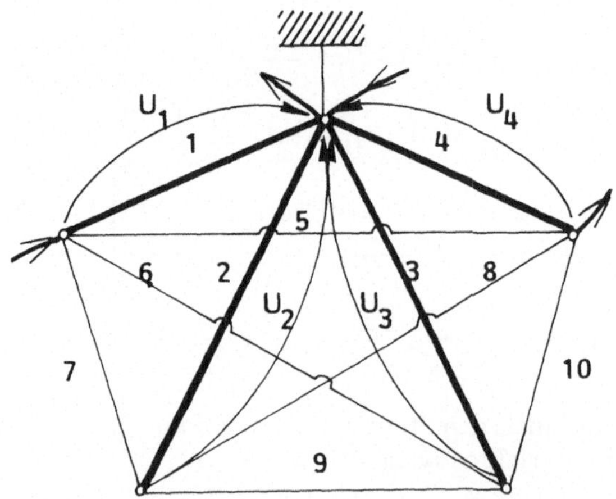

3. Der vollständige Baum ist in der obigen Darstellung gezeigt.
4. Die unabhängigen Spannungen sind: U_1, U_2, U_3 und U_4.
   Das Gleichungssystem hat nur vier Gleichungen, statt sechs bei der Maschenanalyse !!

5. Das Gleichungssystem ist:

U_1	U_2	U_3	U_4	
$G_1+G_5+G_6+G_7$	$-G_7$	$-G_6$	$-G_5$	I_{q1}
$-G_7$	$G_2+G_7+G_8+G_9$	$-G_9$	$-G_8$	0
$-G_6$	$-G_9$	$G_3+G_6+G_9+G_{10}$	$-G_{10}$	0
$-G_5$	$-G_8$	$-G_{10}$	$G_4+G_5+G_8+G_9$	$-I_{q2}$

U_1	U_2	U_3	U_4	
$3G$	$-G$	$-\frac{G}{2}$	$-\frac{G}{2}$	$U_{q_1}\cdot G$
$-G$	$3G$	$-G$	$-\frac{G}{2}$	0
$-\frac{G}{2}$	$-G$	$3G$	$-G$	0
$-\frac{G}{2}$	$-\frac{G}{2}$	$-G$	$3G$	$-U_{q_2}\cdot G$

6. Für $U_{q_1}=11\,V$ und $U_{q_2}=33\,V$ ergibt sich:

$U_1=-1,6\,V$ $\quad U_2=-5,2\,V$ $\quad U_3=-6,8\,V$ $\quad U_4=-14,4\,V$

7. Die sechs abhängigen Spannungen ergeben sich aus den Maschengleichungen:

$$U_5=U_4-U_1=(-14,4\,V-(-1,6\,V) = \text{-12,8 V}$$

$$U_6=U_3-U_1=(-6,8\,V)-(-1,6\,V) = \text{-5,2 V}$$

$$U_7=U_2-U_1=(-5,2\,V)-(-1,6\,V) = \text{-3,6 V}$$

$$U_8=U_4-U_2=(-14,4\,V)-(-5,2\,V) = \text{-9,2 V}$$

$$U_9=U_3-U_2=(-6,8\,V)-(-5,2\,V) = \text{-1,6 V}$$

$$U_{10}=U_4-U_3=(-14,4\,V)-(-6,8\,V) = \text{-7,6 V}$$

8. 8 der 10 Ströme ergeben sich aus dem Ohmschen Gesetz $I=G\cdot U$. Nur bei den Strömen I_1 und I_4 muß man die Maschengleichungen schreiben:

$$U_1=R_1\cdot I_1+U_{q_1}\Longrightarrow I_1=\frac{U_1-U_{q_1}}{R_1}$$

$$U_4=R_4\cdot I_4-U_{q_2}\Longrightarrow I_4=\frac{U_4+U_{q_2}}{R_4}$$

6.7 Zusammenfassung und Vergleich zwischen den Methoden der Analyse linearer Netzwerke

Wir haben die folgenden Methoden zur Berechnung von Strömen und Spannungen in linearen Netzwerken kennengelernt:

- Die Kirchhoffschen Gleichungen (Kapitel 1.4, 1.5 und 6.1)
- Die Methoden der Ersatzspannungs– und der Ersatzstromquelle (Thévenin– und Norton–Theorem) (Kapitel 4.3.4)
- Der Überlagerungssatz (Kapitel 6.3)
- Das Maschenstrom–Verfahren (Kapitel 6.5)
- Das Knotenpotential–Verfahren (Kapitel 6.6).

Im folgenden sollen die Methoden kurz wiederholt, ihre Merkmale, Vor– und Nachteile analysiert und miteinander verglichen werden. Ein einfaches Beispiel einer Schaltung mit zwei Quellen und drei Widerständen soll mit allen sechs Methoden berechnet werden.

6.7.1 Allgemeines

Die Aufgabe der Netzwerkananlyse ist die Bestimmung der Ströme und Spannungen in Netzwerken, wenn alle Quellen und alle Widerstände bekannt sind. Ist also die Anzahl der Unbekannten

$$2 \cdot z \ ,$$

wobei z die Anzahl der Zweige bedeutet, so reduziert das Ohmsche Gesetz

$$U = R \cdot I \qquad\qquad I = G \cdot U$$

die Anzahl der Unbekannten auf die Hälfte. Es sind also im Allgemeinen

$$\boxed{\quad z \quad}$$

unbekannte Ströme **oder** Spannungen zu bestimmen.

Sollte das gesamte Netzwerk analysiert werden, also sollten alle Unbekannten ermittelt werden, so eignen sich dazu alle erwähnten Methoden, mit Ausnahme der Methoden der Ersatzquellen. Diese liefern nur einen Strom[27] oder nur eine Spannung[28] und werden nur dann eingesetzt, wenn eine einzige unbekannte Größe gesucht wird.

[27] Thévenin–Theorem
[28] Norton–Theorem

Das zu untersuchende Beispiel ist die einfache Schaltung, die auf der nächsten Abbildung dargestellt ist.

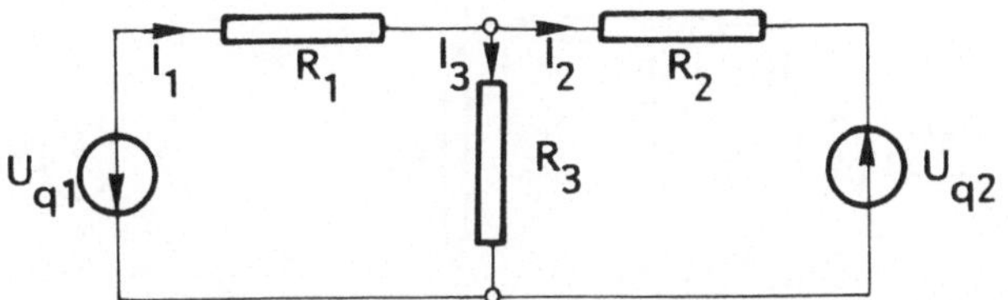

Gesucht ist der Strom I_3. Er soll mit Hilfe aller sechs Methoden bestimmt werden. Die Schaltung hat

$$k = 2 \text{ Knoten}$$
$$z = 3 \text{ Zweige}$$
$$m = z - k + 1 = 2 \text{ unabhängige Maschen.}$$

6.7.2 Die Kirchhoffschen Gleichungen

Die zwei Kirchhoffschen Gleichungen lauten:

1. Die Summe aller zu– und abfließenden Ströme an jedem Knotenpunkt (unter Beachtung ihrer Vorzeichen) ist gleich Null.

$$\boxed{\sum_{\mu=1}^{n} I_\mu = 0}$$

2. Die Summe aller Teilspannungen in einem geschlossenem Umlauf (Masche), unter Beachtung ihrer Vorzeichen, ist stets Null.

$$\boxed{\sum_{\mu=1}^{n} U_\mu = 0}$$

Die Kirchhoffschen Sätze führen zu einem Gleichungssystem mit z Unbekannten für die z unbekannten Ströme, das folgendermaßen zusammengestellt ist:

$\boxed{(k-1)}$ Gleichungen für die Knoten

$\boxed{m = z - (k-1)}$ Gleichungen für die Maschen

Achtung : *Ein Knoten* **muß** *unberücksichtigt bleiben. Nur* **m** *Maschen sind unabhängig!!*

Gemäß der nächsten Abbildung ergeben sich mit den Kirchhoffschen Gleichungen die folgenden Zusammenhänge:

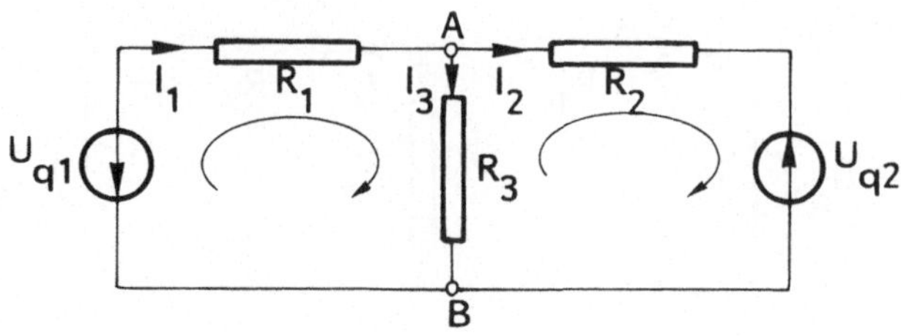

$$\left.\begin{array}{ll} \text{Im Knoten A:} & I_1 = I_2 + I_3 \\ \text{Masche links:} & I_1 \cdot R_1 + I_3 \cdot R_3 = U_{q_1} \\ \text{Masche rechts:} & I_2 \cdot R_2 - I_3 \cdot R_3 = U_{q_2} \end{array}\right\} \text{3 Gleichungen für } z = 3 \text{ Ströme}$$

Aus den Maschengleichungen kann man I_1 und I_2 als Funktion von I_3 ausdrücken:

$$I_1 = \frac{U_{q_1} - I_3 \cdot R_3}{R_1} \qquad I_2 = \frac{U_{q_2} + I_3 \cdot R_3}{R_2}$$

Diese kann man jetzt in die Knotengleichung einführen:

$$I_3 = I_1 - I_2 = \frac{U_{q_1} - I_3 \cdot R_3}{R_1} - \frac{U_{q_2} + I_3 \cdot R_3}{R_2}$$

$$I_3 \cdot (R_1\, R_2) = U_{q_1} \cdot R_2 - I_3 \cdot (R_3\, R_2) - U_{q_2} \cdot R_1 - I_3 \cdot (R_1\, R_3)$$

$$I_3 \cdot (R_1\, R_2 + R_3\, R_2 + R_1\, R_3) = U_{q_1} \cdot R_2 - U_{q_2} \cdot R_1$$

$$\boxed{I_3 = \frac{U_{q_1} \cdot R_2 - U_{q_2} \cdot R_1}{\underbrace{R_1\, R_2 + R_3\, R_2 + R_1\, R_3}_{\sum R_i \cdot R_j}}}$$

Kommentar:

- Die Kirchhoffschen Gleichungen stellen die allgemeinste Methode zur Netzwerkanalyse dar; sie sind **immer** einsetzbar und führen zu den z unbekannten Strömen.
- Die Anzahl der zu lösenden Gleichungen ist **maximal:** z.
- Auch wenn nur ein Strom gesucht wird, muß man alle z Gleichungen schreiben.
- Alle anderen Methoden sind aus den Kirchhoffschen Gleichungen abgeleitet.

6.7.3 Ersatzspannungsquelle und Ersatzstromquelle

Diese Methoden gehen von der Tatsache aus, daß jeder beliebige lineare, aktive Zweipol durch eine Ersatzspannungsquelle oder Ersatzstromquelle ersetzt werden kann, die an den zwei Klemmen dasselbe Verhalten[29] aufweisen:

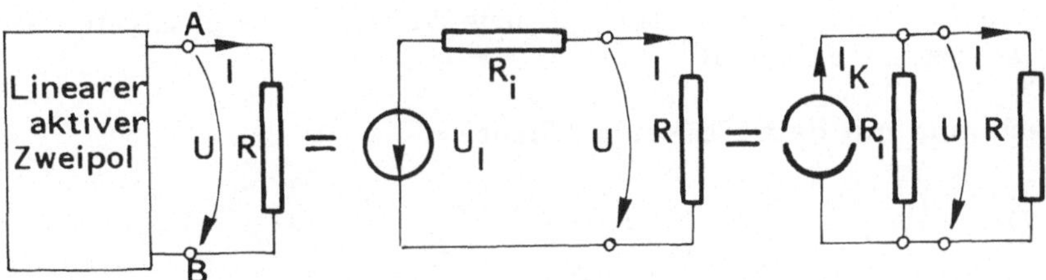

Es bedeuten:

- U_l die Leerlaufspannung an den Klemmen A–B.
- I_K den Kurzschlußstrom.
- $R_i = \frac{U_l}{I_K}$ den Innenwiderstand der Ersatzquellen.

Wenn das so ist, dann kann man jede Schaltung in Bezug auf die zwei Klemmen A und B durch eine Ersatzspannungsquelle oder eine Ersatzstromquelle ersetzen.

Zwei Theoreme ermöglichen die Berechnung des Stromes in dem Zweig A–B (Thévenin) oder der Spannung an den Klemmen A–B (Norton). Der Zweig $A - B$ muß passiv sein.

Theorem von Thévenin (Ersatzspannungsquelle):

$$I_{AB} = \frac{U_{AB_l}}{R_{i_{AB}} + R}$$

U_{AB_l} = Leerlaufspannung an A–B

Theorem von Norton (Ersatzstromquelle):

$$U_{AB} = \frac{I_{K_{AB}}}{G_{i_{AB}} + G}$$

$I_{K_{AB}}$ = Kurzschlußstrom zwischen A und B

In beiden Fällen verfährt man folgendermaßen:

[29] d.h. denselben Strom I und dieselbe Spannung U

1. Man trennt den Zweig A–B mit dem Widerstand R ab.

2. Die restliche Schaltung wird als Ersatzsspannungsquelle mit der Quellenspannung U_{AB_l} oder als Ersatzstromquelle mit dem Quellenstrom $I_{K_{AB}}$ betrachtet.

3. Der Innenwiderstand R_i ist der gesamte Widerstand der **passiven** Schaltung an den Klemmen A–B[30].

Berechnung mit dem Thévenin–Theorem

$$I_3 = \frac{U_{AB_l}}{R_{i_{AB}} + R_3}$$

Berechnung des Innenwiderstandes der passiven Schaltung:

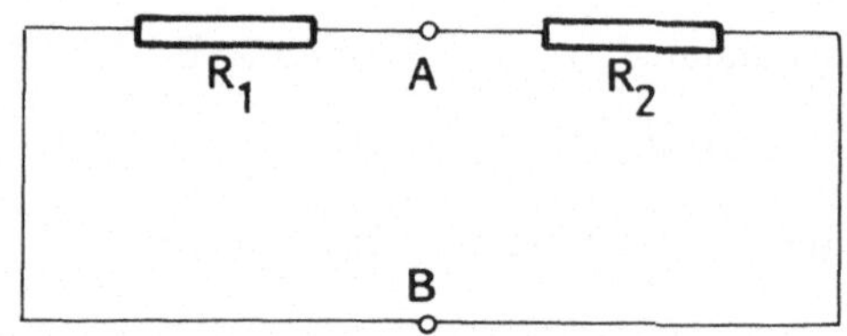

$$R_{i_{AB}} = R_1 || R_2 = \frac{R_1 \cdot R_2}{R_1 + R_2}$$

Berechnung der Leerlaufspannung U_{AB_l} :

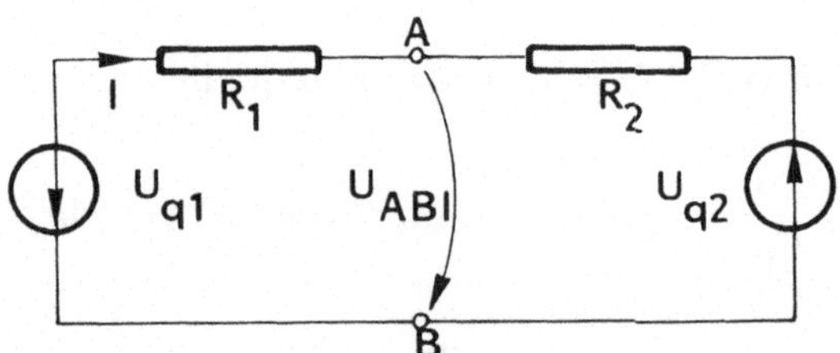

Der Strom ist: $I = \frac{U_{q_1} + U_{q_2}}{R_1 + R_2}$

Die Spannung ergibt sich z.B. aus dem linken Maschenumlauf (Uhrzeigersinn): $U_{AB_l} - U_{q_1} + I \cdot R_1 = 0$.
Damit wird U_{AB_l}:

$$U_{AB_l} = U_{q_1} - R_1 \cdot \frac{U_{q_1} + U_{q_2}}{R_1 + R_2}$$

[30] Um den Widerstand zu ermitteln, werden alle Spannungsquellen kurzgeschlossen und alle Stromquellen unterbrochen

$$U_{AB_l} = \frac{U_{q_1} \cdot (R_1 + R_2) - R_1 \cdot (U_{q_1} + U_{q_2})}{R_1 + R_2}$$

$$U_{AB_l} = \frac{U_{q_1} \cdot R_2 - U_{q_2} \cdot R_1}{R_1 + R_2}$$

Der Strom I_3 ist dann:

$$\boxed{I_3 = \frac{U_{q_1} \cdot R_2 - U_{q_2} \cdot R_1}{R_1\, R_2 + R_1\, R_3 + R_2\, R_3}}$$

Berechnung mit dem Norton–Theorem

$$U_{AB} = \frac{I_{K_{AB}}}{G_{i_{AB}} + G} \Longrightarrow I_3 = \frac{U_{AB}}{R_3} = \frac{I_{K_{AB}}}{R_3 \cdot G_{i_{AB}} + 1}$$

$$G_{i_{AB}} = \frac{1}{R_{i_{AB}}} = \frac{R_1 + R_2}{R_1 \cdot R_2}$$

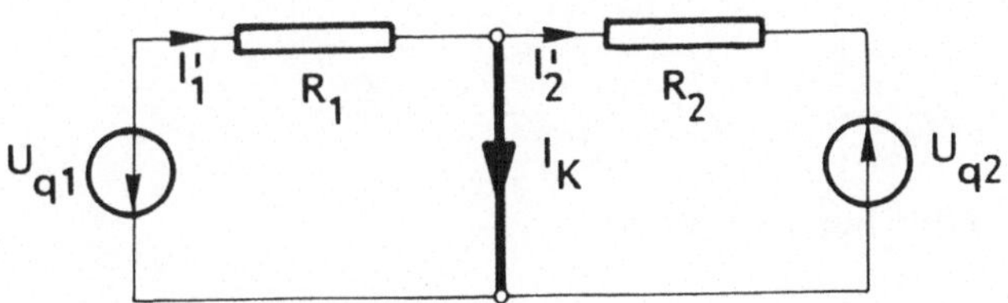

Der Kurzschlußstrom ist:

$$I_K = I_1' - I_2' = \frac{U_{q1}}{R_1} - \frac{U_{q2}}{R_2} = \frac{U_{q_1} \cdot R_2 - U_{q_2} \cdot R_1}{R_1 \cdot R_2}$$

Zur Überprüfung:
I_K kann auch anders berechnet werden:

$$I_K = \frac{U_{AB_l}}{R_{i_{AB}}} = \frac{U_{q_1} \cdot R_2 - U_{q_2} \cdot R_1}{R_1 + R_2} \cdot \frac{R_1 + R_2}{R_1 \cdot R_2}$$

$$I_3 = \frac{U_{q_1} \cdot R_2 - U_{q_2} \cdot R_1}{R_1\, R_2 \cdot \left(R_3 \cdot \frac{R_1 + R_2}{R_1\, R_2} + 1\right)}$$

$$\boxed{I_3 = \frac{U_{q_1} \cdot R_2 - U_{q_2} \cdot R_1}{R_1\, R_3 + R_2\, R_3 + R_1\, R_2}}$$

Kommentar:

- Die Sätze von den Ersatzquellen sind dazu geeignet, in einer Schaltung **einen** Strom oder **eine** Spannung zu bestimmen und zwar nur in einem **passiven** Zweig. Für eine Gesamtanalyse sind sie nicht interessant, da sie nur an einigen Zweigen angewendet werden können und die Berechnung zu aufwendig wäre.
- Zur Bestimmung von U_l oder I_K müssen andere Methoden herangezogen werden[31].
- Zur Bestimmung von $R_{i_{AB}}$ müssen Widerstände zusammengschaltet werden, eventuell muß eine Stern–Dreieck– oder eine Dreieck–Stern–Transformation durchgeführt werden.
- Das Thévenin–Theorem ist besonders interessant, wenn $R_{i_{AB}} \ll R$ ist. Dann gilt:

$$I_{AB} \approx \frac{U_{AB_l}}{R} \; .$$

- Das Norton–Theorem wird meistens eingesetzt, wenn $R_{i_{AB}} \gg R$ ist. Dann gilt:

$$U_{AB} \approx \frac{I_{K_{AB}}}{G} \; .$$

6.7.4 Der Überlagerungssatz

Der Überlagerungssatz ist eine Konsequenz der **Linearität**: zwischen jedem Strom und jeder Quellenspannung besteht eine lineare Beziehung.

Die **Idee** dieses Verfahrens ist: Man läßt jede Quelle **allein** wirken, indem man alle anderen als energiemäßig nicht vorhanden ansieht. Bei **n** Quellen ergeben sich somit **n** verschiedene Stromverteilungen, die mit der tatsächlichen Stromverteilung physikalisch nichts zu tun haben, sondern nur ein Gedankenmodell darstellen.

Erst die Überlagerung der „Teil"ströme unter Beachtung ihrer **Zählrichtung** ergibt die tatsächlichen Ströme. Jeder Zweigstrom besteht also aus **n** Teilströmen.

Bemerkung : Genau so gut kann man Gruppen von Quellen wirken lassen und ihre Wirkung anschließend überlagern. Damit verringert man die Anzahl der Stromverteilungen die man berechnen muß, doch werden die einzelnen Stromverteilungen etwas komplizierter, da sie jetzt mehrere Quellen enthalten.
Das betrachtete Beispiel wird nun mit dem Überlagerungssatz berechnet:

[31] Diese Methoden sind meist die Kirchhoffschen Gleichungen oder das Maschenstromverfahren

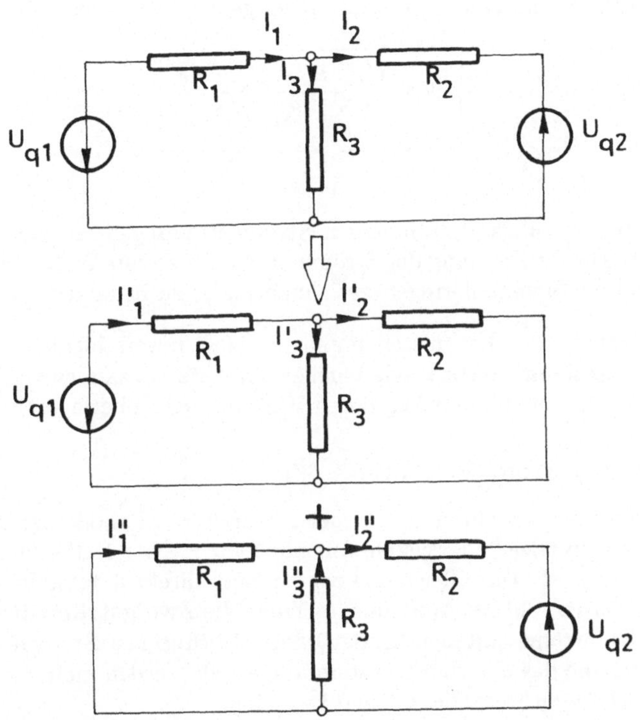

Quelle 1 unwirksam, es interessiert nur I_3 (siehe Abbildung, Mitte).

$$I_2' = \frac{U_{q2}}{R_2 + \dfrac{R_1\,R_3}{R_1 + R_3}} = \frac{U_{q2} \cdot (R_1 + R_3)}{R_1\,R_2 + R_2\,R_3 + R_1\,R_3}$$

I_3' ergibt sich mit der Stromteilerregel:

$$I_3' = I_2' \cdot \frac{R_1}{R_1 + R_3} = \frac{U_{q2} \cdot R_1}{\sum (R_i \cdot R_j)}$$

Nun wird die Quelle 2 als unwirksam betrachtet (Abbildung, unten):

$$I_1'' = \frac{U_{q1}}{R_1 + \dfrac{R_2\,R_3}{R_2 + R_3}} = \frac{U_{q1} \cdot (R_2 + R_3)}{\sum (R_i \cdot R_j)}$$

$$I_3'' = I_1'' \cdot \frac{R_2}{R_2 + R_3} = \frac{U_{q1} \cdot R_2}{\sum (R_i \cdot R_j)}$$

Der tatsächliche Strom I_3 ist $I_3'' - I_3'$, da I_3' entgegen dem angenommenen Zählpfeil fließt.

$$I_3 = \frac{U_{q_1} \cdot R_2 - U_{q_2} \cdot R_1}{\sum (R_i \cdot R_j)}$$

Kommentar:

- Der Überlagerungssatz führt zu **n** Stromverteilungen mit jeweils nur **einer** Quelle. Zur Bestimmung der Ströme braucht man nur Widerstände zu schalten und die Stromteilerregel (evtl. mehrmals) zu benutzen.
- Der Nachteil ist: Es müssen immer so viele unterschiedliche Stromverteilungen bestimmt werden, wie Quellen im Netz vorhanden sind (außer man bildet Gruppen von Quellen, deren Wirkung man überlagert).

6.7.5 Maschenstrom–Verfahren

Das Maschenstrom–Verfahren ist die meistverbreitete Methode der Netzwerkanalyse, da sie ein Gleichungssystem mit nur $m = z - k + 1$ Gleichungen löst und sehr übersichtlich ist. Das Gleichungssystem kann direkt aufgestellt werden.
Die Methode basiert auf der Annahme, daß man die **Zweigströme** in unabhängige und abhängige Ströme aufteilen kann. Die **unabhängigen Ströme** sind die Unbekannten, für die das Gleichungssystem aufgestellt werden muß.
Man sollte bei dieser Methode mit den Begriffen

- vollständiger Baum[32]
- **Baum**zweige[33]
- **Verbindungs**zweige[34]

arbeiten. Die Wahl des vollständigen Baumes ist **frei**.
Die **unabhängigen Ströme fließen in den Verbindungszweigen**. Mit jedem von diesen (und den Baumzweigen) bildet man **m** unabhängige Maschen.
Das Gedankenmodell der Methode ist: In jeder Masche fließt ein solcher unabhängiger **Maschenstrom**. Das Gleichungssystem enthält **m Maschen**gleichungen:

$$\begin{vmatrix} R_{11} & R_{12} & \ldots & R_{1m} \\ R_{21} & R_{22} & \ldots & R_{2m} \\ \vdots & & & \\ R_{m1} & R_{n2} & \ldots & R_{mm} \end{vmatrix} \cdot \begin{vmatrix} I_1' \\ I_2' \\ \vdots \\ I_m' \end{vmatrix} = \begin{vmatrix} U_{q_1}' \\ U_{q_2}' \\ \vdots \\ U_{q_m}' \end{vmatrix}$$

[32]Ein vollständiger Baum verbindet alle Knoten, ohne eine Masche zu bilden
[33]Es gibt immer $(k-1)$ Baumzweige
[34]Dies sind die restlichen m Zweige

mit: $R_{ii} > 0$ = Umlaufwiderstände (Summe aller Widerstände in der betreffenden Masche)

$R_{ij} \lessgtr 0$ = Kopplungswiderstände zwischen zwei Maschen

I_i' = unbekannte Maschenströme

U_{q_i}' = Summe aller **Quellen**spannungen in der Masche (mit Pluszeichen, wenn ihr Zählpfeil **entgegen** dem Umlaufsinn ist).

Die $(k-1)$ abhängigen Ströme werden durch Überlagerung (Knotengleichung) bestimmt.

Berechnen wir das betrachtete Beispiel mit dem Maschenstrom–Verfahren.
Die folgende Abbildung zeigt nochmals die Schaltung und ihren gerichteten Graph.

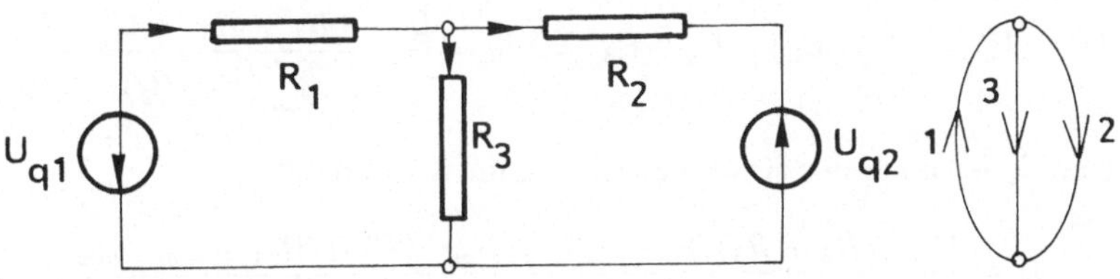

Es gilt: $k = 2$, $z = 3$, $m = 2$.
Möglich sind drei vollständige Bäume (siehe nächste Abbildung):

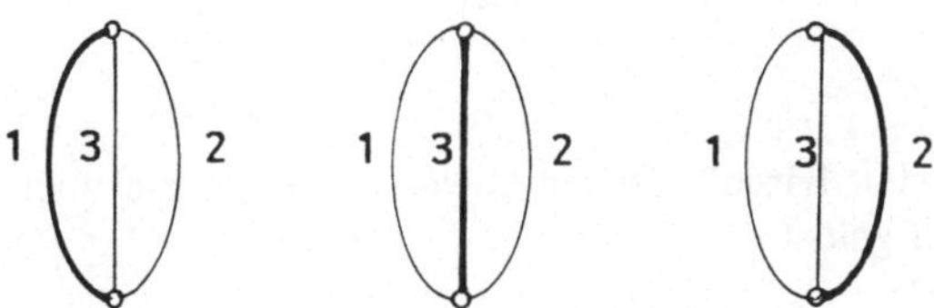

Der vollständige Baum sei z.B. der Zweig 3. Unabhängige Ströme sind: I_1 und I_2.
Ihre Maschen sind auf der nächsten Abbildung gezeigt:

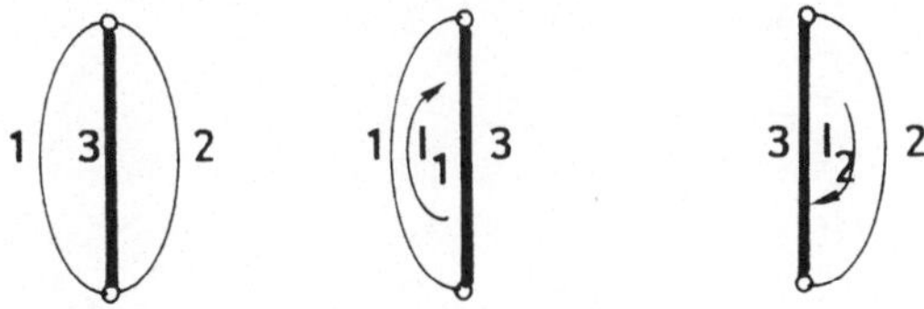

Das entsprechende Gleichungssystem ist:

I_1	I_2	
$R_1 + R_3$	$-R_3$	U_{q1}
$-R_3$	$R_2 + R_3$	U_{q2}

$$D = (R_1 + R_3) \cdot (R_2 + R_3) - R_3^2 = \sum (R_i \cdot R_j)$$

$$D_1 = U_{q1} \cdot (R_2 + R_3) + U_{q2} \cdot R_3$$

$$I_1 = \frac{D_1}{D} = \frac{U_{q1} \cdot (R_2 + R_3) + U_{q2} \cdot R_3}{\sum (R_i \cdot R_j)}$$

$$D_2 = U_{q2} \cdot (R_1 + R_3) + U_{q1} \cdot R_3 \Longrightarrow I_2 = \frac{U_{q2} \cdot (R_1 + R_3) + U_{q1} \cdot R_3}{\sum (R_i \cdot R_j)}$$

Der Strom I_3 ist nach der Knotengleichung im Knoten (A):

$$I_3 = \frac{U_{q1} \cdot (R_2 + R_3) + U_{q2} \cdot R_3 - U_{q2} \cdot (R_1 + R_3) - U_{q1} \cdot R_3}{\sum (R_i \cdot R_j)}$$

$$\boxed{I_3 = \frac{U_{q1} \cdot R_2 - U_{q2} \cdot R_1}{\sum (R_i \cdot R_j)}}$$

Kommentar:

- Gegenüber den Kirchhoffschen Gleichungen werden hier nur $m = z - k + 1$ Gleichungen gelöst.
- Das Gleichungssystem kann direkt aufgestellt werden, ohne Kenntnis irgendwelcher Gesetze.
- Stromquellen sollen in Spannungsquellen umgewandelt werden.

6.7.6 Knotenpotential–Verfahren

Von der Anzahl der zu lösenden Gleichungen her ist es meistens das beste Verfahren. Es müssen lediglich

$$(k-1)$$

Gleichungen gelöst werden.
Das Gleichungssystem kann auch direkt aufgestellt werden. Vorbereitungsarbeiten (Umwandeln der Schaltung) und Nacharbeiten machen jedoch diese Methode weniger übersichtlich als die Maschen–Analyse.

Die Idee der Methode ist, daß man die **Spannungen** zwischen den einzelnen Knoten in unabhängige und abhängige Spannungen aufteilen kann.

Die **unabhängigen Spannungen** sind die Unbekannten, für die man das Gleichungssystem aufstellt.

Unabhängig sind die Spannungen an den Baumzweigen, also $(k-1)$.

Beim Knotenpotential–Verfahren gibt es jedoch eine Einschränkung bezüglich der Wahl des vollständigen Baumes. Man verbindet einen ausgewählten „Bezugsknoten" sternförmig mit **allen** anderen Knoten und wählt die Bezugspfeile für die unabhängigen Spannungen **zu** diesem Knoten **hin**.

Das Gleichungssystem enthält $(k-1)$ **Knoten**gleichungen. Die restlichen **m** abhängigen Ströme ergeben sich anschließend aus **Maschen**gleichungen.

Vor der Aufstellung des Gleichungssystems müssen alle Spannungsquellen in Stromquellen und alle Widerstände in Leitwerte umgewandelt werden. Das Gleichungssystem lautet:

$$\begin{vmatrix} G_{1\,1} & G_{12} & \dots & G_{1\,(k-1)} \\ G_{2\,1} & G_{22} & \dots & G_{2\,(k-1)} \\ \vdots & & & \\ G_{(k-1)\,1} & G_{(k-1)\,2} & \dots & G_{(k-1)\,(k-1)} \end{vmatrix} \cdot \begin{vmatrix} U_1' \\ U_2' \\ \vdots \\ U_{(k-1)}' \end{vmatrix} = \begin{vmatrix} I_{q_1}' \\ I_{q_2}' \\ \vdots \\ I_{q(k-1)}' \end{vmatrix}$$

mit $G_{i\,i} > 0$ = Knotenleitwert (Summe aller Leitwerte in dem Knoten)
$G_{i\,j} < 0$ = Kopplungsleitwert zwischen zwei Knoten
U_i' = unbekannte Knotenspannungen
I_{q_i}' = Summe aller Quellenströme in dem Knoten.[35]

[35] Ströme die hineinfließen werden positiv, Ströme die herausfließen negativ gezählt

In dem betrachteten Beispiel kann man z.B. den Knoten (B) als Bezugsknoten wählen.
Die ursprüngliche und die umgeformte Schaltung sind auf der nächsten Abbildung gezeigt.

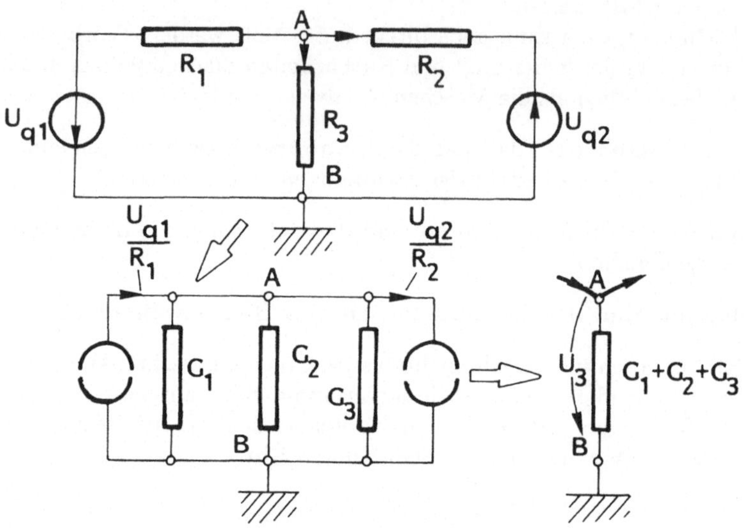

Es gibt nur **eine** Gleichung für den oberen Knoten:

$$G \cdot U_3 = \frac{U_{q_1}}{R_1} - \frac{U_{q_2}}{R_2}$$

Der gesuchte Strom I_3 ist dann:

$$I_3 = U_3 \cdot G_3 = \frac{1}{R_3} \cdot \frac{\dfrac{U_{q_1}}{R_1} - \dfrac{U_{q_2}}{R_2}}{\dfrac{1}{R_1} + \dfrac{1}{R_2} + \dfrac{1}{R_3}}$$

$$I_3 = \frac{1}{R_3} \cdot \frac{R_3\,R_2\,U_{q_1} - R_3\,R_1\,U_{q_2}}{\sum (R_i \cdot R_j)}$$

$$\boxed{I_3 = \frac{U_{q_1} \cdot R_2 - U_{q_2} \cdot R_1}{\sum (R_i \cdot R_j)}}$$

Kommentar:

- In den meisten Fällen erfordert keine andere Methode zur kompletten Analyse eines Netzes weniger Gleichungen.
- Unter Annahme einiger Einschränkungen ist das Gleichungssystem sehr einfach und kann direkt aufgestellt werden.
- Wegen unvermeidbaren Umwandlungen vor der Aufstellung des Gleichungssystems und Zurückwandlungen zu der ursprünglichen Schaltung ist die Methode weniger übersichtlich als die Maschen–Analyse.
- Gewöhnt man sich (durch Üben) an die nötigen Umwandlungen und an die Arbeit mit Leitwerten und Stromquellen, so ist die Knotenanalyse meistens der schnellste Weg zur Bestimmung aller Ströme.

Literatur

[1] Bosse, G.: Grundlagen der Elektrotechnik I.
Das elektrostatische Feld und der Gleichstrom.
BI Hochschultaschenbücher, Band 182

[2] Clausert, H.; Wiesemann, G.: Grundgebiete der Elektrotechnik I.
Elektrische Netze bei Gleichstrom, elektrische und magnetische Felder.
Oldenbourg Verlag

[3] Fricke, H.; Vaske, P.: Elektrische Netzwerke.
Grundlagen der Elektrotechnik Teil 1.
B.G. Teubner, Stuttgart

[4] Führer, A; Heidemann, K.; u.a.: Grundgebiete der Elektrotechnik.
Band 1: Stationäre Vorgänge
Carl Hanser Verlag

[5] Hagmann, G.: Aufgabensammlung zu den Grundlagen der Elektrotechnik.
AULA–Verlag Wiesbaden

[6] Lunze, K.; Wagner, W.: Einführung in die Elektrotechnik (Arbeitsbuch)
Hütig Verlag, Heidelberg

[7] Vaske, P.: Berechnung von Gleichstromschaltungen
B.G. Teubner, Stuttgart

[8] Vaske, P.: Beispiele und Aufgaben zu den Grundlagen der Elektrotechnik
B.G. Teubner, Stuttgart

[9] Vömel, M.; Zastrow, D.: Aufgabensammlung Elektrotechnik 1.
Gleichstrom und elektrisches Feld
Viewegs Fachbücher der Technik

[10] von Weiss, A.; Krause, M.: Allgemeine Elektrotechnik
Vieweg Verlag

[11] Weißgerber, W.: Elektrotechnik für Ingenieure 1
Gleichstromtechnik und Elektromagnetisches Feld
Viewegs Fachbücher der Technik

[12] Wellers, H.: Aufgabensammlung Elektrotechnik
Vieweg Verlag

[13] Wiesemann, G.; Mecklenbräuker, W.: Übungen in Grundlagen der Elektrotechnik I.
Aufgaben mit ausführlichen Lösungen
B.I. Hochschultaschenbücher, Band 778

vieweg